医疗
功能房间
详图集 II

总策划　董永青

编　著　左厚才

编　委　杨　磊　马春萍　金　鑫
　　　　李晓露　崔卫东　赵冰飞

编　审　刘富凯

江苏凤凰科学技术出版社

图书在版编目 (CIP) 数据

医疗功能房间详图集 . Ⅱ / 左厚才编著 . — 南京：
江苏凤凰科学技术出版社 , 2018.6
  ISBN 978-7-5537-9169-2

  Ⅰ . ①医… Ⅱ . ①左… Ⅲ . ①医院－建筑设计－图集
Ⅳ . ① TU246.1-64

  中国版本图书馆 CIP 数据核字 (2018) 第 080674 号

医疗功能房间详图集 Ⅱ

编　　著	左厚才
项目策划	凤凰空间 / 翟永梅
责任编辑	刘屹立　赵　研
特约编辑	段梦瑶

出版发行	江苏凤凰科学技术出版社
出版社地址	南京市湖南路 1 号 A 楼，邮编：210009
出版社网址	http://www.pspress.cn
总　经　销	天津凤凰空间文化传媒有限公司
总经销网址	http://www.ifengspace.cn
印　　刷	山东临沂新华印刷物流集团有限责任公司

开　　本	889 mm×1 194 mm　1/16
印　　张	20
字　　数	260 000
版　　次	2018 年 6 月第 1 版
印　　次	2023 年 3 月第 2 次印刷

标 准 书 号	ISBN 978-7-5537-9169-2
定　　价	128.00 元

序 Foreword

　　医院建筑设计研究从哪里入手比较好，一直是医疗设计行业内部讨论的话题，我们在2011年出版的《医疗功能房间详图集Ⅰ》（以下简称《图集Ⅰ》）一书中给出的答案是——"从房型研究入手"，并得到了业界的认可。建筑设施是为医院运营服务的，医院的使用需求，是建筑规划设计的基础。医院最小使用功能单元是功能房间，功能房间组合成功能单位，功能单位组合成医院。通过深入研究每个功能房间的空间需求和技术需求，再根据医院业务数量进行房间到功能单位的组合，就能够了解医院的具体建筑需求。只有"自内而外"地根据医院功能量化需求，结合建设用地具体情况选择合适的建筑形式进行规划，才能真正实现形式为内容服务的建筑创作。

　　十年来，北京睿勤永尚建设顾问有限公司从房型研究深入到医疗空间行为研究，不断探索和总结医疗空间与业务数据的对应关系，以及医疗流程与建筑空间的内在关系，最终总结出了"8+3"医疗空间行为分类和二、三级医疗流程的空间行为内在成因，明确了医疗功能房间是医疗行为三级流程组合的必然，使医疗空间行为研究成为功能房间详图的理论依据，同时睿勤公司更加坚定了医院建筑设计研究"从房型入手"的决心。

　　《医疗功能房间详图集Ⅰ》出版七年来，得到了业内非常积极、广泛的反馈。经常碰到年轻的设计师，他们讲述自己开始医院建筑设计是通过学习《图集Ⅰ》了解的医院。还有一些地产商在投资医院前，组织工程管理人员学习《图集Ⅰ》，将其作为指导医院投资管理的工具。也有临床一线的专家通过网络向我们反馈图集的一些问题，提供非常有益的建议。更多的读者是通过询问《医疗功能房间详图集Ⅱ》的出版时间来表达对我们的信任与期待。本次编写《医疗功能房间详图集Ⅱ》不仅是继续七年前的任务，更多的是想进一步强化和推进医院建筑研究的方法论,让读者通过更多的详图类型获得启发。同时,我们也积极策划"医院功能房间详图系列丛书"的出版,2017 年已经出版了"医疗功能房间详图详解系列"中的第一本,未来还将继续出版"空间行为研究系列""医疗流程研究系列"等丛书。我们自主开发的医疗工艺信息系统(简称 FDS)也已经到了 2.0 版,不久就可以向会员开放,为大家提供更强大的信息化工具。

希望亲爱的读者能够给予我们持续的关注、持续的支持、持续的包容。我们一定不忘初心,坚持深耕医疗空间研究,为建设安全高效的医院建筑继续努力,为人民的美好生活贡献力量。

总策划　董永青

2018 年 5 月

目录 Contents

第一章 系统化医院工艺设计

系统化医院工艺设计,是通过研究、确定医院的医疗指标、空间指标和技术指标,对医院建设提出全面而系统的功能需求的方法。系统化的医院工艺设计,即在医院建设的阶段,建立相应的功能指标体系,使医院建设项目及时得到量化功能需求的指导,帮助项目的管理者做出明智决策,也有助于设计人员创建出功能与形式完美结合的优秀作品。

按照医院建设的一般过程,医院工艺设计可分为三个阶段:工艺规划设计、工艺方案设计、工艺条件设计。工艺规划设计阶段确定医疗指标,主要用于可行性研究过程中的定量分析,以及编制设计任务书;工艺方案设计阶段确定空间指标,主要用于医疗功能流程优化及指导医院建筑方案设计;工艺条件设计阶段确定技术指标,主要用于初步设计、施工图设计和装修设计等工程图纸的设计与实施。

系统化的医院工艺设计,可使建设目标更加明晰,最大限度地节约资源。医院工艺设计的概念和分级系统,构成了联系医疗与建筑两大领域的系统化基本理念,成为功能房间标准化、功能单位程序化、功能系统个性化的系统方法论。

一、医院工艺设计目的

系统化医院工艺设计的目的,是要在医院建设项目的前期乃至建设的全过程中,使全体参建人员拥有一套能看懂功能需求、能做量化指标的沟通工具,使医院工艺设计成为沟通医疗与建筑两大领域的"桥梁",既能让医生、护士看懂,也能让建筑师真正了解医院的实际需求。

系统化的医院工艺设计,针对典型医疗行为进行深入研究,力求提出的各项指标,符合大部分医疗行为的功能需求,使得按照系统化医院工艺设计完成的医院建筑,基本能够达到预期的建设目标,有利于在建设过程中跟踪医疗技术发展,及时更新局部需求,总结积累工艺设计资料,使医院建筑最大程度地发挥使用效益。

1. 项目医疗策划

项目医疗策划是医疗战略规划和运营商业计划的总称,是科学决策医院建设项目的重要依据,是编制可行性研究报告的核心内容。系统化的医院工艺设计,在项目可行性研究阶段,提供明确的量化医疗指标,为编制医疗战略规划和运营商业计划提供重要的量化数据,使投资人或决策部门了解投入产出的直接效益,从而对投资决策做到心中有数。

2.建筑设计任务

"真正节约资源的方法是避免浪费",翻开各个版本的绿色建筑或绿色医院标准,最大篇幅的评估指标就是减少浪费。节约资源的前提是必须保证功能的合理性,如果功能不明确或者没有量化,则保证功能只是一句空话,必然会出现或左或右的偏差,而偏差会产生不同程度的浪费。系统化医院工艺设计所提供的量化功能需求,就是要给各个专业提供节约资源的依据,准确把握功能需求,既不过度投入又不以减少功能为代价,为节约资源提供量化基础。

3.造价指标估算

医院工艺设计在项目前期可以较早地提供各项功能指标,对项目进行科学的多指标造价估算。这不仅为项目投资决策提供参考,而且对于编制EPC工程总承包招投标文件具有重要意义,可以通过医疗指标包干法,探索EPC工程的承包模式。

4.医院规划辅助系统

通过长期的医疗工艺计算方法和项目研究的经验积累,开发出医疗工艺信息系统,建立医疗设备与家具、医疗功能房间、医疗功能单位之间以及各种医院项目之间内在的数据关系,开发出医院规划辅助系统,以大量经验数据为基础,进行个性化设计,使项目的建设更科学、更好用。

二、应用医院工艺设计三大优势

1.少走弯路,提高整体项目控制能力

(1)通过细致深入的市场分析、业务分析和竞争分析,明晰医院学科建设方向;

(2)通过开展先进性研究、适应性研究和标准化研究等多维度研究,准确定位医院建筑的功能需求;

(3)通过指标化测算、三段式描述和详图指导的量化测算,建立功能需求目标分解系统,为各个阶段的设计工作提供数据化保障,实现各个阶段均有设计任务书做指导的愿望。

2.增进沟通,节约方案设计阶段时间

(1)通过有效沟通,理解投资决策过程,为项目做好参谋,帮助投资者做出明智决策;

(2)通过医疗专业术语的沟通,理解医护人员诉求,找到医疗对建筑的实际需求,并确定

量化指标；

（3）懂得建筑行业各项规则，从宏观到微观，循序渐进地提供医疗需求，做好建筑设计人员的助手。

3.减少拆改，降低施工过程中的变更洽商

（1）通过工艺规划设计，量化医院整体架构，在保证医院运行可靠的前提下，实现建筑资源的平衡分配；

（2）通过工艺方案设计，理顺一、二级流程，最大限度地发挥医院的整体资源优势，最大效率地利用医院各项资源；

（3）通过工艺条件设计，提供各个机电系统的设计目标，同时校正平面诸多细节，使房型成熟、细节全面。

三、医院工艺设计的发展方向

系统化医院工艺设计，有特殊性，也有普遍性。特殊性体现在，医院建筑将随着医疗设备技术的发展、功能需求的变化，甚至医疗流程的优化而需要随时调整。普遍性体现在，通过一段时间的实践，在医疗功能房间的研究上会有相对一致的定论；在医疗功能单位的组合上，将根据科室的工作量直接计算出房间数量；在医疗功能系统规划上，将根据医疗功能内涵的异同、医疗流程的优化，通过功能房间的不同组合，提供更多个性化医院系统的需求选择。

随着经济社会的发展，人类对于医院建筑的需求会不断提高。这些需求，远远不止我们现在所能认识到的，也不止是行为科学、感控理论等技术层面的内容。未来的医院建筑，必然会更加注重患者、医护工作者等使用人群精神层面的需求，这将为系统化医院工艺设计，提供科学发展的巨大空间。

1.医疗设备、家具数据化

随着医疗设备研制技术的不断提高，医疗设备更新速度逐年加快，对建筑的要求将会日新月异，需要不断增加数据库数据并进行持续维护管理，随时对不同项目对应房间的功能需求进行调整。同样，医疗家具也会根据医院业务需求推陈出新，也需要及时采集更多的数据，通过数据库的手段进行管理。未来医院工艺设计需要完善的信息系统进行支持，以设备、家具的技术需求为基础，随时为各项医院功能需求提供技术支持。

2. 功能房间内涵标准化

医疗功能房间,是医院建筑内的基本医疗功能空间。相同种类的房间完成的医疗行为,除特殊情况外,其平面布局大部分都可以在各个学科间通用。如诊室、病室、配剂室、手术室等,均有大量通用性室内平面设计。而医院内非常专业的房间,如 MRI 室、CT 室、石膏室等,因数量有限,基本可以形成几种具有针对性的研究成果。所以,医疗功能房间,很有可能在不远的将来,以标准图集的方式向社会推荐,使建筑师和医院管理者以此为基准,根据项目的具体情况,对室内平面设计加以修改就可使用。

3. 功能单位组合程序化

医疗功能单位,是由一组医疗功能房间组成,房间的种类和数量由本单位需要开展的专业种类、工作量组合而决定。对于一般综合医院来说,医疗功能单位的专业种类,是相对固定的,只是规模会根据不同科室的工作量和技术特色而产生变化。

将来,在进行大量综合医院医疗功能单位研究后,很可能根据医院规模和科室工作量,就能够自动计算出功能单位内部各类房间的数量。但是,由于医院的服务模式不断变化、医疗技术不断发展,自动计算出的功能单位规模,只能是一个参考,最终还是需要有经验的人员,根据实际情况进行调整。

4. 功能系统个性化

由于医院建筑模式在技术层面和精神层面的发展变化,新建或改扩建医院要发展和提高,必然要重点突出自身优势;同时,对于发展的预测,也是建设过程中需关注的重要问题。基本医疗行为、基本医疗组织的量化研究,是作为医院客观需求的决策基础。在此基础上,医疗规划阶段还要思考和探索医院建设的特色和发展需求。

医疗策划阶段,不仅只是调查医疗市场需要多少床位,同时还要对医院医疗服务模式(即医疗功能单位)和医院医疗服务行为(即医疗功能房间)进行创新。因此,将来系统化医院工艺设计的重点,必然会前移到医疗功能规划阶段,有效承接医疗策划的成果,使新建或改扩建医院建筑更加具有特色和创新性。

四、工艺方案设计基本方法

工艺方案设计阶段确定空间指标,主要用于医疗功能流程优化及指导医院建筑方案设计。依据医院项目量化及医疗指标需求,基于对医疗、护理、建筑等各方面知识的理解和融合,将各医疗功能单位的关联关系,在规划设计方案中组合成完整高效的医疗机构,并通过泡泡图、流程图、叠加图等形式表达出来。

本部分主要介绍如何进行一级流程设计,以及二级流程设计六步法。合理的工艺方案对策,有助于进一步完善设计任务书体系,并直观体现"解放建筑师"的重要作用。工艺设计整体的核心思想为"Know-How",需要把"理性"设计而非"感性"设计的思路进行逻辑梳理。

1. 工艺方案成果链

工艺方案设计要解决好三个方面的内容:(1)适宜房型设计;(2)一级流程设计;(3)二级流程设计。同时,作为工艺系统中的重要环节,标准化研究(功能关系、单位系数等)也是主要的工作内容。工艺方案设计在系统化医院工艺设计中起到"承上启下"的重要作用,是工艺条件内容的"载体和目标",是工艺规划内容的"依据和验证"。

本阶段工作要从概念方案设计评估入手,应充分分析、理解概念设计方案的交通组织与资源分配,为充分利用建筑资源安排医疗功能打好基础。同时,通过概念方案分析,提供与建筑师充分交流的工具,使医疗工艺能在概念设计完善过程中发挥重要作用。

2. 建筑概念设计方案评审系统

1)场区与出入口评审要点

场区与出入口评审主要内容包括:(1)场区出入口是否满足相关规范要求,是否满足医院功能及定位要求,是否满足区域交通接驳关系等;(2)建筑出入口评审应重点关注健康人群、感染高危人群、辐射高危人群等,并根据人群数量等特点进行审核;(3)场区建筑群落审核要点包括采光朝向、连廊关系、八小时及二十四小时系统关系等。以上评审结果及解决方案为下一步深入地推进工艺方案工作打好基础。

2)垂直与水平主干交通评审要点

垂直与水平主干交通评审要点包括:(1)各类垂直交通(电梯)分类及数量标注;(2)重点分析同垂直交通(电梯)相关的污染动线、清洁动线、急诊动线、影像动线等科室的内部关系;(3)对水平交通进行分析,重点描述急诊、影像、手术及相关科室之间的水平交通效率,包括连廊关系等。以上评审要点为下一步一级流程优化做必要准备。

3)房型与标准平面评审要点

房型与标准平面评审要点包括:(1)根据柱网关系审核标准门诊及住院的房型,并提出合理化建议,便于房间数量使用效率最大化,必要的话提出调整柱网建议;(2)对标准护理单元进行评审,包括病房自然间数量、总体床位数量、功能房间完整性、必要人性化设施等;(3)标准门诊评估包括模块面积、模块布局、房间数量等,并对一二次候诊关系、配套房间是否满足医疗定位及面积要求等提出评审意见。

4)功能单位量化目标评审要点

功能单位量化目标评审要点包括:(1)功能单位总体数量是否满足项目医疗(任务书)需求;(2)各功能单位面积是否满足项目医疗(任务书)需求;(3)对重点功能单位及其他功能单位进行资源平衡审核及建议。

5)门诊患者就诊流程评审要点

门诊患者就诊流程评审要点包括:(1)门诊患者入院车行交通接驳及公共交通(包括步行)动线是否便利;(2)挂号模式、分诊模式等就诊动线是否符合医院定位及科室运营流程;(3)特殊人群(妇科、产科、特需、体检等)隐私保护需重点进行评审。

6)院内抢救流程评审要点

大部分公立医院项目的院内抢救流程是医疗行为的重要接口和起点,评审要点包括:(1)大的交通接驳关系(救护车、直升机、社会车辆等)是否便利;(2)重点评估院内抢救同相关手术、影像、ICU、介入等一级流程关系;(3)急诊急救位置是否便于院内移送及院内支持。

7)院内物流体系评审要点

院内物流体系评审要点包括:(1)大宗物流入口及卸货区是否明晰;(2)"洁物""污物"物流大分类是否做到避免相互交叉;(3)"垂直"物流关系是否通达;(4)"分发物流"关系是否便捷高效,不影响医疗或其他使用功能。

3. 空间标准与标准层设计

1)典型房型与柱网分析

典型房型和柱网关系相辅相成,互相制约。典型房型代表的是空间标准,柱网代表的是建筑标准及面积资源情况。在流程优化起始阶段,关键要使房型定位和柱网大小方向一致。主要包括对标准门诊及标准病房的房型分析,便于在当前柱网前提下,房间数量以及使用效率达到最大化;在必要的情况下,可以提出调整柱网建议。

2)标准层清单核对与优化

在柱网及房型确定的基础上,需要进一步进行标准层清单核对工作,达到在标准层优化之前的总体控制,避免在优化过程中功能完整性的缺失。

3)标准层平面设计优化

标准层平面设计优化内容包括:(1)医疗功能完整性优化;(2)面积使用效率最大性优

化;(3)医、患两类人群使用安全性及便捷性优化;(4)医、患两类人群人性化优化。对一般项目来说,标准层会占到大半的项目面积,标准层平面设计优化是流程优化重要的切入点。

4.一级流程设计标准与方法

一级流程是医疗指标转化为平面设计的第一步,需要全面和系统地分析项目定位和相关指标,要结合场地资源条件完成相对合理的一级流程。因为一级流程在后期的调整会出现"牵一发而动全身"的状况,所以,需要重视并使用科学的方法"锁定"一级流程。

1)项目定位与资源平衡

一级流程设计的关键因素是项目定位及资源平衡。项目定位是前提和约束,资源平衡是方法和步骤。项目定位分析环节需要充分了解项目的特点及要点,良好的设计任务书会对项目定位、医疗指标、空间指标都有明确的说明,但需要工艺师敏锐地把握关键点,如项目性质、医疗流程、未来发展等都会对一级流程布置提出要求。资源平衡是实现一级流程设置的必要方法和步骤,对于大部分医疗指标及空间指标而言还是"系数化"的,在了解整个医疗需求和面积分配情况后,需要利用资源平衡方法同步完成一级流程。如通过科室整合,辅助房间整合,分中心设置、未来发展腾挪等方式实现从医疗到建筑的转化。

2)信息化与自动物流

信息系统是影响一级流程布局的重要因素,信息系统的"智慧"程度,直接关系到医护人员、患者及家属相关空间的流程关系,关系到总体的资源分配。比如信息化对挂号收费模式的影响,对影像诊断模式的影响以及对领取检查报告环节的影响等,进而对整体一级流程布局产生影响。随着自动物流的发展和普及,工艺流程要做出适应性的应对。当前广泛应用的仓储式物流及中大型物流系统对一级流程的影响都很大。因此,对主要物流模式规划的分析研究是明确一级流程的重要前提和基础。

3)关键科室决定法

在城市医疗资源集中的大型综合医院,一级流程关注的焦点是高效和安全,而关键科室的设置是解决上述问题的重中之重。急诊科、影像科及手术部等科室,其共同特点是共享资源多,涉及面广,影响整个一级流程设计的"排兵布阵",因此需要重点考虑。比如急诊急救为24小时工作区域,要与住院系统以及很多重要医技部门产生工作关系,因此是一级流程定位的重要切入点。

同时,门诊患者人群较为复杂,分为健康人群、感染人群、特需人群、特殊人群等,对出入口有一定要求,进而影响一级流程的整体布局。项目性质和定位不同,人群的细分程度也会不一样,因此,需要进行专项分析。

4)总图规划分析方法

总图规划是一级流程设计在前期阶段需要完成的重要任务,从工艺角度考虑总图规划,其表现形式并不是"造型"决定的,而是"项目定位、项目规模等功能要素"结合场地规划要求自然形成的,总图规划与一级流程的格局是相辅相成的关系。

除以上方法外,一级流程还存在很多重要的制约因素,如流量分散、共享平台、相关科室、支持系统等,都需要统筹考虑,找出主要矛盾,构建关键架构,最终锁定一级流程。

5.二级流程设计标准与方法

二级流程设计有两个维度需要考虑,一个是相关规范要求,一个是完整严密的设计逻辑及过程。我们总结为二级流程设计六步法:

1)案例分析与感控要点

项目定位是所有设计的前提,包括项目规模及性质都需要进行研究。不同规模和性质的定位对二级流程要求是不同的,比如就诊方式、单双廊设置等都需要根据具体情况进行分析,当然需要结合专业科室建设规范,并考虑当地卫生行政部门对感控等方面的具体要求。案例分析是明确以上方向的重要方法,是有效的沟通工具。

2)一级流程与内部交通

分析二级流程与一级流程关系的目的是确定出入口,二级流程不能脱离与一级流程的关系而孤立存在,不能盲目设置。各种人流、物流、动线需要和一级动线结合起来,才能避免本末倒置的情况出现。

3)面积清单理解与分析

面积清单是二级流程设计的前提和基础,需要对面积清单分区、功能房间数量、面积要求进行梳理,做到心中有数,为完整设计二级流程方案做好充足准备。通常有经验的工艺师面对清单和平面资源,就可以开始构思蓝图。

4)建筑平面的资源评估

资源评估包括柱网分析和适宜房型设置,任务书中的数据及房型是标准化和概念化的。因此,需要针对不同的平面造型和柱网关系,确定能实现医疗需求的房型和二级流程的组织形式。

5)功能单位的分区确定

在研究确定上述前提的基础上,开始由宏观到微观的设计过程。通过指标及资源的定位,二级流程分区已经具备雏形,结合相关要求及设计师的经验,用单线图的方式表达分区,内容包括房间数量及面积分配。

6)二级流程的房间划分

在分区确定的基础上,进一步完善平面图,包括绘制双线图(或单线图)、核准房间尺寸、确定开门方向、布置典型家具设备、布置典型水盆点位等,最终完成填色及动线表达。

第二章 医疗功能房间设计说明

确定医疗功能房间的各项技术指标是医院工艺条件设计阶段的主要目标。医院的问诊、检查、观察、手术等医疗活动，最终会具体到一个医疗功能空间内进行。医疗功能房间的研究，是医院功能需求研究的基础。

医疗功能房间详图设计阶段，是以技术指标为目标，通过研究医疗功能房间内的医疗行为需求，对房间内应具有的各项技术条件，提出完整的要求。表达方式是采用图纸和表格的形式，力求清晰完善，使专业工程师能够理解，并按此需求搭建机电系统或其他技术体系，以满足房间内的医疗行为需求。

通过对功能房间的深入研究，按照医疗规模需求和流程需求，组合功能单位，并最终描述整个医院的医疗需求。采取自下而上的研究方法，随着医院建设阶段的推进，由宏观到微观地配合医院的建设工作逐层展开，使参建人员在项目各个阶段都能清晰解读医疗功能需求。

一、医疗行为基本理念

医院功能房间是特定功能的空间，从物化有形的医疗行为研究入手，比较直接有效。在实践及经验总结的基础上，从行为科学的角度可将医疗空间行为分为"8+3"类：

医疗服务主体8类医护人员行为：（1）工作站行为；（2）护理床行为；（3）非护理床行为；（4）椅单位行为；（5）操作台行为；（6）清洗行为；（7）存储行为；（8）移动工作行为。

医疗服务主体3类医疗设备行为：（1）床头设备；（2）包围式设备；（3）坐站设备。

在特定功能的房间内由几组医疗行为组成。按照医院的工作特点进行医疗行为组合，形成特定需求的医疗功能房间详图——三级流程图，并结合三级流程原则进行功能房间的定制，内容包括：（1）室内行走路径短捷；（2）门诊类房间医患分区；（3）住院类房间护理床与陪护家属休息设施分区；（4）治疗类房间室内洁污分区；（5）设备类房间按照操作便利分区等。

同时，医疗行为单元本身所具备的属性能够明确工艺条件要求。以"标准门诊医生工作站"为例：需要强电配备4个插座点位（显示器、电脑主机、打印机电源距地900 mm，观片灯距地1300 mm），弱电配备1个网络、1个电话语音点位，照明要求照度300 lx，色温3300~5300 K，显色指数（Ra）不低于80等要求，形成了基本的专业技术指标要求。单个功能房间内各个行为单元点位配置组合,即形成这个医疗功能房间的点位要求。

以上介绍根据医疗行为特点,进行功能房间定制的基本逻辑,目的是使医疗功能房间设计更加符合实际需求,目标更加理性和清晰。

二、医疗功能房间详图使用说明

本书为医疗功能房间详图集系列书中的第二册,书中共对 100 个医疗功能房间(其中 11 个详图是对《医疗功能房间详图集Ⅰ》中详图的更新,89 个为新增详图)进行了介绍。本图集在使用时,有以下几点说明:

1. 总体说明

本图集房间尺度及技术指标按照经济、实用、基本舒适的原则进行制定。在实际应用中,可根据具体项目的需求进行适应性调整。

(1)书中以设备为主导的医疗功能房间的面积为"基本面积",具体面积需根据设备业务开展的量化要求制定。

(2)关于大型设备型号参数参考部分厂家品牌及型号制定,并适当考虑了普遍适用性。

(3)标注"可选"字样的部分,通常为非标准配置,但有一定推荐性,需根据项目具体要求选定。

(4)空间布局及点位需求在满足医疗行为要求的同时,需考虑感染控制等法规要求。

(5)图中关于建筑元素,如管井、墙厚等仅为示意性表达。

(6)关于外窗,仅从功能角度对必须设置的房间进行了表达。

2. 关于柱网

为满足医疗功能使用要求和建筑高效能模块化的目的,一般情况下,本书门诊医技用房按照 8400 mm 柱网划分房间,病房用房按照 7800 mm 开间柱网划分房间。关于柱网划分普遍规律已在《医疗功能房间详图集Ⅰ》中有专项说明,本书不再赘述。

3. 尺寸及单位

本图集所注尺寸,均为"净尺寸"要求,其单位除特别注明外均为毫米(mm)。

(1)本书所标注面积为"净面积",即通常意义上的"使用面积",用"m²"表示。

(2)比例尺以网格形式表达,主要分为 150 mm 和 300 mm 两类,个别根据图纸大小设置为 450 mm 和 200 mm,图纸根据比例关系缩放,读者可根据网格单位测量细节尺度。

（3）门的尺寸标注为通常意义上通行宽度。同时，为体现病房功能的特殊性，病房类 1100 mm 的门用单扇图示，其他类 1100 mm 的门用子母扇图示。

（4）关于高度的尺寸标注，指的是中心点位高度。比如综合治疗带距地 1500 mm，代表的是治疗带中心点距地面的高度，可根据项目具体要求进一步落实。

4. 关于表达

医疗功能房间详图内容由"空间及行为"和"装备及环境"两部分组成，前者利用平面图方式表达，后者采用表格方式表达，二者需要结合使用。

1）"空间及行为"部分

图面包括医疗家具、医疗设备、强弱电插座和人体行为表达等元素，配备相关文字标注。

鉴于实际项目的复杂性，功能房间平面布局图中的窗户除必须要求设置外——如病房等，其他未进行标示。

关于桌面强弱电点位标高一般设置在台面上方 150 mm 处，落地设备点位标高设置在地面上方 300 mm 处，预留点位一般设置在高于地面 300 mm 处。

手盆点位需根据医疗行为特点设置，如诊室内的手盆设置在医生座位后区，办公房间手盆设置在门口处等。

2）"装备及环境"部分

内容包括建筑要求、装备清单及机电要求。建筑要求包括房间净尺寸、墙地顶装修、门窗照明及安全私密内容。装备清单包含了房间内家具和设备的数量和规格。机电要求对医疗气体（氧气、正压和负压）、强弱电、给排水和暖通指标进行了说明。

3）重点功能房间增添了三维示意图，作为平面布局图的辅助，以便于读者对空间感和尺度感的理解。

5. 附录部分

附录一中列举了 10 个问题，是医疗功能房间详图设计和应用阶段最有可能涉及的 10 个问题，其答案已在文中有论述。

附录二中列举了本书主要参考书目，包括相关书籍及国家发布的业内规范。

希望本书能成为您的参考指南。其中不足之处请各界人士提出建议，我们将虚心采纳，进一步做好系列丛书的编制工作。

第三章　医疗功能房间详图

根据医疗行为研究,总结相关规律,提出将医疗功能房间按功能分为六类,力求从研究角度更加高度概括,同时便于实际应用。

(1)R1 一般诊疗类:指医院内一般诊疗活动,以患者为主要行为活动中心,室内没有较大医疗风险和设备环境要求。

(2)R2 治疗处置类:指医院内涉及专业医疗操作活动,有较大医疗风险和较强感染控制要求。

(3)R3 医疗设备类:指医院内涉及主要用于人体检测、检查、治疗的大小型医疗设备或特殊设备专用房间。

(4)R4 加工实验类:指医院内针对物品的加工、检测、实验等专用房间。

(5)R5 办公生活类:指医院内用于办公、生活、档案、信息、会议示教等非医疗操作房间。

(6)R6 医疗辅助类:指医院内一些只有在医院中出现的特殊用房和医疗物资专用库房。

房间编码系统根据以上大的分类进行,其中二级编码由两位阿拉伯数字组成,代表功能单位名称;三级编码由两位阿拉伯数字组成,代表功能房间名称;四级编码由两位阿拉伯数字组成,代表功能特点,如 R1010109 即为“一般诊疗 – 普通诊室 – 单人诊室 – 急诊诊室(双入口)”房间。

下面将具体阐述 100 个医疗功能房间的空间类别、房间编码、平面布局图、三维示意图、装备清单及机电要求等内容。

1. 标准诊室（预约式）

空间类别	一般诊疗	房间编码
	空间及行为	
房间名称	标准诊室（预约式）	R1010102

说　明：　本诊室是用于预约方式就诊流程的功能房间。患者进入房间后，助手先行问询，测量血压、身高、体重等，为医生诊断做准备。根据医疗行为特点布置三级流程关系，房间内设置隔帘保护患者隐私。

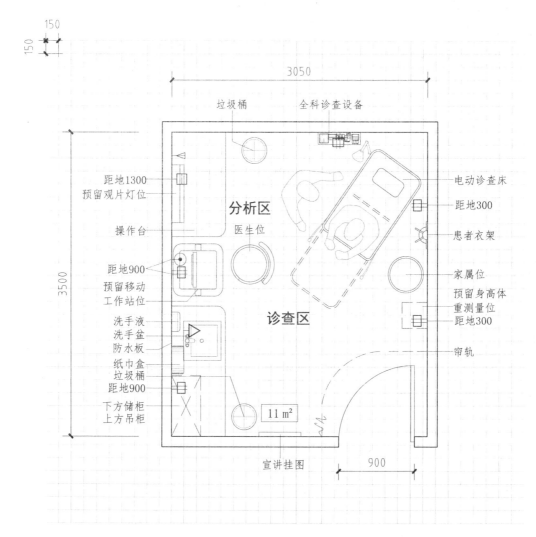

标准诊室（预约式）平面布局图

图例：⊟电源插座　⊖呼叫　▷电话　⊗地漏
　　　⊙网络　Ⓣ电视　□观片灯　◁感应龙头

空间类别	一般诊疗 空间及行为	房间编码
房间名称	标准诊室（预约式）	R1010102

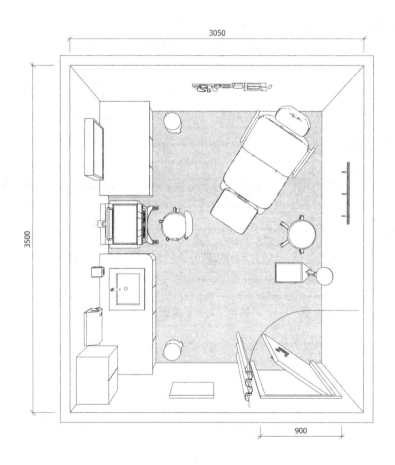

标准诊室（预约式）三维示意图

空间类别	一般诊疗	房间编码
	装备及环境	
房间名称	标准诊室（预约式）	R1010102

建筑要求	规格
净尺寸	开间×进深：3050×3500
	面积：11 m²，高度：不小于2.6 m
装修	墙地面材料应便于清扫、擦洗，不污染环境
	屋顶应采用吸音材料
门窗	门宜设置非通视采光窗，U形门把手
安全私密	需设置隔帘保护患者隐私

装备清单		数量	规格	备注
家具	操作台	1	600×1200	宜圆角
	边台吊柜	1	1500×700	下方为储物柜，上方设置吊柜
	洗手盆	1	500×450×800	防水板、纸巾盒、洗手液、镜子（可选）
	垃圾桶	2	300	直径
	诊椅	1	526×526	带靠背、可升降、可移动
	衣架	1	—	尺度据产品型号
	帘轨	1	—	弧形
	圆凳	1	380	直径
设备	移动工作站	1	600×600	包括显示器、主机、打印机
	观片灯	1	402×506×110	(单联)医用观片灯，功率60 W（参考）
	全科检查仪	1	—	检眼镜、检耳镜、血压计、体温计
	电动诊查床	1	1178×520×520	宜安装一次性床垫卷筒纸
	身高体重仪	1	310×500×2370	尺度据产品型号

机电要求		数量	规格	备注
医疗气体	氧气(O)	—	—	
	负压(V)	—	—	
	正压(A)	—	—	
弱电	网络接口	1	RJ45	
	电话接口	1	RJ11	或综合布线
	电视接口	—	—	
	呼叫接口	—	—	
强电	照明	—	照度：300 lx，色温：3300～5300 K，显色指数：不低于80
	电插座	7	220 V，50 Hz	五孔
	接地	—	—	
给排水	上下水	1	安装混水器	洗手盆
	地漏	—	—	
暖通	湿度/%	30～60		
	温度/℃	18～26		宜优先采用自然通风
	净化	—		

2. 急诊诊室(双入口)

空间类别	一般诊疗 空间及行为	房间编码
房间名称	急诊诊室(双入口)	R1010109

说 明： 急诊诊室是用于急诊问询、诊查并完成记录的场所。根据医疗行为特点，考虑检查床外置。急诊入口预留一定的活动空间，更利于推床进出及医生观察下一位患者情况。需保证平车、轮椅的使用及无障碍需求。房间对静音要求不高，患者入口侧可设隔帘，建议净面积不小于11 m²。

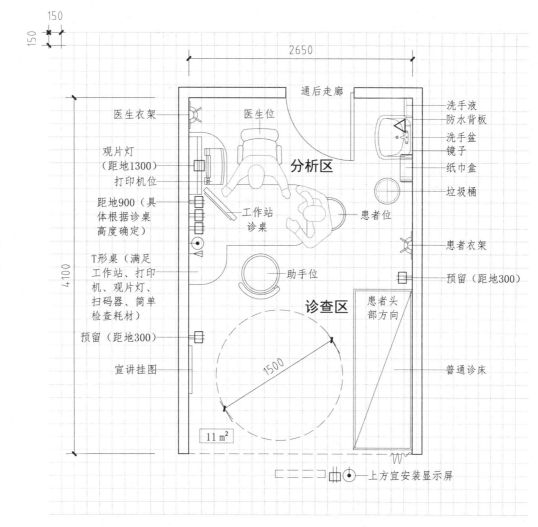

急诊诊室(双入口)平面布局图

图例： ▢电源插座 ⌒呼叫 ▷电话 ⊗地漏
⊙网络 T电视 □观片灯 ◁感应龙头

空间类别	一般诊疗 空间及行为	房间编码
房间名称	急诊诊室（双入口）	R1010109

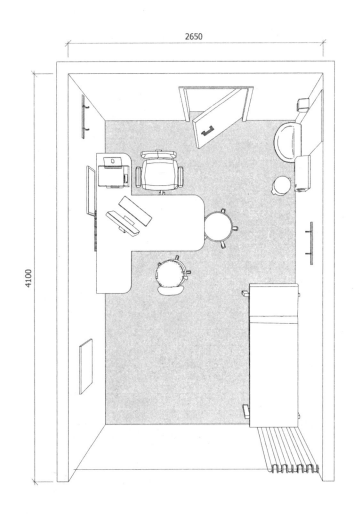

急诊诊室（双入口）三维示意图

空间类别	一般诊疗	房间编码
	装备及环境	
房间名称	急诊诊室(双入口)	R1010109

建筑要求	规格		
净尺寸	开间×进深:2650×4100		
	面积:11 m², 高度:不小于2.6 m		
装修	墙地面材料应便于清扫、擦洗,不污染环境		
	屋顶应采用吸音材料		
门窗	—		
安全私密	需设置隔帘保护患者隐私		

装备清单		数量	规格	备注
家具	诊桌	1	700×1400	T形桌,宜圆角
	诊床	1	1850×700	宜安装一次性床垫卷筒纸
	脚凳	1	400×280×120	不锈钢脚踏凳
	垃圾桶	1	300	直径
	诊椅	1	526×526	带靠背、可升降、可移动
	衣架	2	—	尺度据产品型号
	帘轨	1	1800	直线形
	洗手盆	1	500×450×800	防水板、纸巾盒、洗手液、镜子（可选）
	圆凳	1	380	直径
	助手椅	1	380	直径,带靠背
设备	工作站	1	600×500×950	包括显示器、主机、打印机
	显示屏	1	—	尺度据产品型号
	观片灯	1	402×506×110	(单联)医用观片灯,功率60 W（参考）

机电要求		数量	规格	备注
医疗气体	氧气(O)	—	—	
	负压(V)	—	—	
	正压(A)	—	—	
弱电	网络接口	2	RJ45	
	电话接口	1	RJ11	或综合布线
	电视接口	—	—	
	呼叫接口	—	—	
强电	照明	—	照度:300 lx, 色温:3300~5300 K, 显色指数:不低于80	
	电插座	8	220 V, 50 Hz	五孔
	接地	—	—	
给排水	上下水	1	安装混水器	洗手盆
	地漏	—	—	
暖通	湿度/%		30~60	
	温度/℃		18~26	宜优先采用自然通风
	净化		—	

3. 体检诊室

空间类别	一般诊疗 空间及行为	房间编码
房间名称	体检诊室	R1010110

说　明：　体检诊室是体检中心标配的功能房间，主要满足问诊、检查、分析记录等功能
需求。通常为单人单诊形式。从医疗行为角度分析，为健康人群检查相对于病
患检查来说较简单，同时考虑诊查的时间短，因此房间面积比标准诊室小，建
议不大于8 m²，便于整体空间资源合理分配。需考虑体检者的隐私保护。

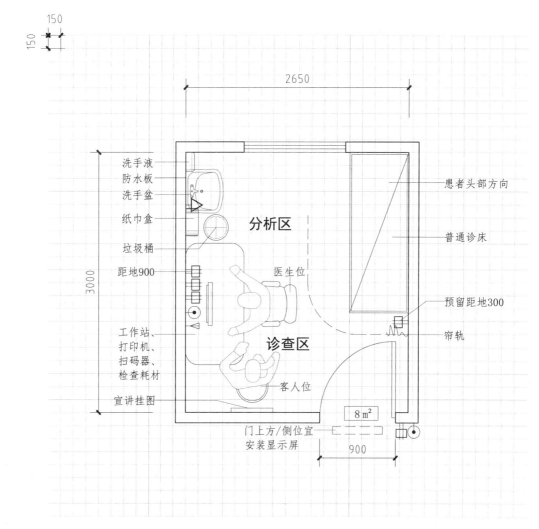

体检诊室平面布局图

图例： ⊟电源插座　⌒呼叫　▷电话　⊗地漏
　　　 ⊙网络　 T电视　□观片灯　◁感应龙头

空间类别	一般诊疗 空间及行为	房间编码
房间名称	体检诊室	R1010110

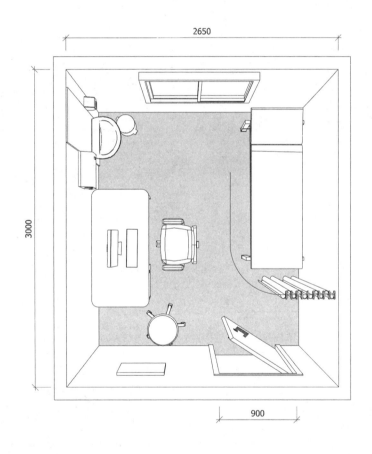

体检诊室三维示意图

空间类别	一般诊疗	房间编码
	装备及环境	
房间名称	体检诊室	R1010110

建筑要求	规格
净尺寸	开间×进深:2650×3000 面积:8 m²,高度:不小于2.6 m
装修	墙地面材料应便于清扫、冲洗,不污染环境 屋顶应采用吸音材料
门窗	门宜设置非通视采光窗,U形门把手。窗户设置应保证自然采光和通风的需要
安全私密	需设置隔帘保护患者隐私,房间如果为落地窗,应设置安全栏杆保护医患安全

装备清单		数量	规格	备注
家具	诊桌	1	700×1400	宜圆角
	诊床	1	1850×700	宜安装一次性床垫卷筒纸
	垃圾桶	1	300	直径
	诊椅	1	526×526	带靠背、可升降、可移动
	帘轨	1	—	L形
	洗手盆	1	500×450×800	防水板、纸巾盒、洗手液、镜子（可选）
	圆凳	1	380	直径
设备	工作站	1	1400×700×750	包括显示器、主机、打印机
	显示屏	1	—	尺度据产品型号

机电要求		数量	规格	备注
医疗气体	氧气(O)	—	—	
	负压(V)	—	—	
	正压(A)	—	—	
弱电	网络接口	2	RJ45	
	电话接口	1	RJ11	或综合布线
	电视接口	—	—	
	呼叫接口	—	—	
强电	照明	—	照度:300 lx,色温:3300～5300 K,显色指数:不低于80	
	电插座	6	220 V,50 Hz	五孔
	接地	—	—	
给排水	上下水	1	安装混水器	洗手盆
	地漏	—	—	
暖通	湿度/%		30～60	
	温度/℃		18～26	宜优先采用自然通风
	净化		—	

4. 儿科诊室（小儿／儿保）

空间类别	一般诊疗	房间编码
	空间及行为	
房间名称	儿科诊室（小儿/儿保）	R1020501

说　明：　小儿/儿保诊室是用于儿科的诊室用房。通常采用单人单诊形式。根据医疗行
为特点，通常不设置普通诊床，而是把检查台同诊桌结合设置，便于医生就
近检查，同时可以兼顾家属行为需求。

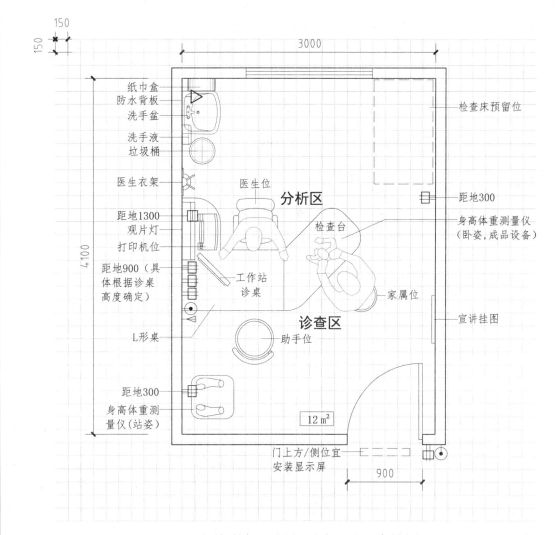

儿科诊室（小儿/儿保）平面布局图

图例：⊟电源插座　⌣呼叫　▷电话　⊗地漏
　　　⊙网络　T电视　□观片灯　◁感应龙头

空间类别	一般诊疗 空间及行为	房间编码
房间名称	儿科诊室（小儿／儿保）	R1020501

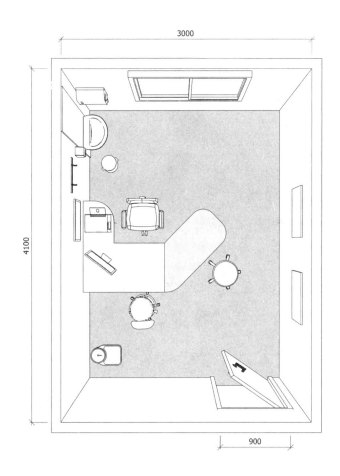

儿科诊室（小儿／儿保）三维示意图

空间类别	一般诊疗	房间编码
	装备及环境	
房间名称	儿科诊室（小儿/儿保）	R1020501

建筑要求	规格
净尺寸	开间×进深:3000×4100 面积:12 m²，高度:不小于2.6 m
装修	墙地面材料应便于清扫、冲洗，不污染环境 屋顶应采用吸音材料
门窗	门宜设置非通视采光窗，U形门把手。窗户设置应保证自然采光和通风的需要
安全私密	需设置隔帘保护患者隐私，房间如果为落地窗，应设置安全栏杆保护医患安全

装备清单		数量	规格	备注
家具	诊桌	1	700×1400	宜圆角
	垃圾桶	1	300	直径
	诊椅	1	526×526	带靠背、可升降、可移动
	衣架	2	—	尺度据产品型号
	洗手盆	1	500×450×800	防水板、纸巾盒、洗手液、镜子（可选）
	圆凳	2	380	直径
设备	工作站	1	—	包括显示器、主机、打印机
	显示屏	1	—	尺度据产品型号
	观片灯	1	402×506×110	（单联）医用观片灯，功率60 W（参考）
	身高体重仪	1	310×500×2370	尺度据产品型号

机电要求		数量	规格	备注
医疗气体	氧气(O)	—	—	
	负压(V)	—	—	
	正压(A)	—	—	
弱电	网络接口	2	RJ45	
	电话接口	1	RJ11	或综合布线
	电视接口	—	—	
	呼叫接口	—	—	
强电	照明	—	照度:300 lx，色温:3300～5300 K，显色指数:不低于80	
	电插座	8	220 V，50 Hz	五孔
	接地	—	—	
给排水	上下水	1	安装混水器	洗手盆
	地漏	—	—	
暖通	湿度/%	30～60		
	温度/℃	18～26		宜优先采用自然通风
	净化	—		

5. 单人病房（卫生间外置）

空间类别	一般诊疗	房间编码
	空间及行为	
房间名称	单人病房(卫生间外置)	R1110102

说　明：　单人间病房(卫生间外置)有自身房型特点，其优势在于护理的便利性，同时卫生间具备自然通风采光条件，但房型对开间要求高，建议卫生间占开间不超过1/3，以满足房间采光要求。床头方向应在外窗一侧。

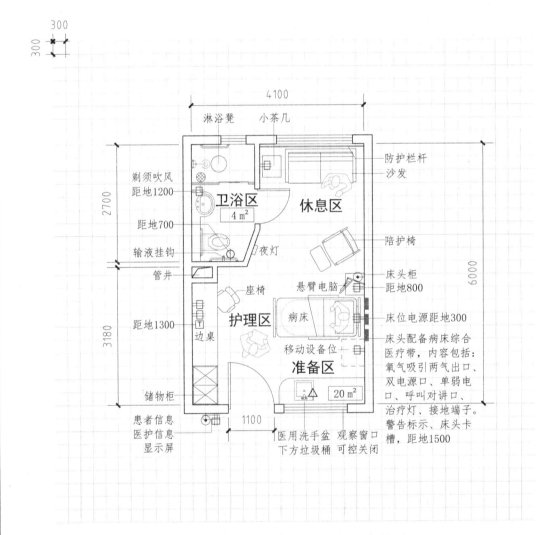

单人病房(卫生间外置)平面布局图

图例：　⊟电源插座　○呼叫　▷电话　⊗地漏

⊙网络　T电视　□观片灯　◁感应龙头

空间类别	一般诊疗	房间编码
	空间及行为	
房间名称	单人病房（卫生间外置）	R1110102

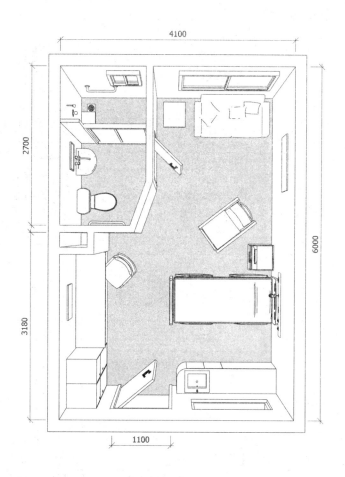

单人病房（卫生间外置）三维示意图

空间类别	一般诊疗	房间编码
	装备及环境	
房间名称	单人病房（卫生间外置）	R1110102

建筑要求	规格
净尺寸	开间×进深：4100×6000 面积：24 m²，高度：不小于2.8 m
装修	墙地面材料应便于清扫，不污染环境 —
门窗	门应设置观察窗，U形门把手。窗户设置应保证自然采光和通风的需要
安全私密	房间如果为落地窗，应设置安全栏杆保护医患安全

装备清单		数量	规格	备注
家具	床头柜	1	450×600	宜圆角
	输液吊轨	1	—	U形
	卫厕浴	1	—	患者洗手盆、坐便器、淋浴
	沙发	1	800×1800	尺度据产品型号
	洗手盆	1	500×450×800	尺度据产品型号
	储物柜	1	900×600	患者物品储存
	陪护椅	1	780×610×900	软包陪护椅
设备	电视	1	1056×686×235	尺度据产品型号
	病床	1	900×2100	尺度据产品型号
	医疗带	1	—	尺度据产品型号
	显示屏	1	—	尺度据产品型号

机电要求		数量	规格	备注
医疗气体	氧气(O)	1	—	
	负压(V)	1	—	
	正压(A)	—	—	
弱电	网络接口	3	RJ45	
	电话接口	—	—	
	电视接口	1	同轴电缆	或综合布线
	呼叫接口	2	据呼叫系统型号	治疗带、卫生间
强电	照明	—	照度：100 lx，色温：3300～5300 K，显色指数：不低于80
		—	夜间床头部位照度不宜大于0.1 lx
	电插座	11	220 V，50 Hz	五孔
	接地	2	小于1Ω	设在卫生间、医疗带
给排水	上下水	4	—	淋浴、洗手盆设热水
	地漏	1	—	
暖通	湿度/%		30～60	
	温度/℃		20～27	
	净化		—	

6. VIP 病房

空间类别	一般诊疗	房间编码
	空间及行为	
房间名称	VIP病房	R1110105

说　明：　VIP病房主要讲究舒适性及护理便捷性的结合。需对休息区、护理区及陪护区等进行合理分区，病房内设置独立的卫浴，需干湿分区，且要求无障碍设计。强弱电接口数量应充足，满足医疗及生活便利性要求，提高空间环境品质。其中（1）建议房间内设置轻质可移动隔断；（2）患者移动天轨及浴缸为可选项，根据具体项目要求确定。

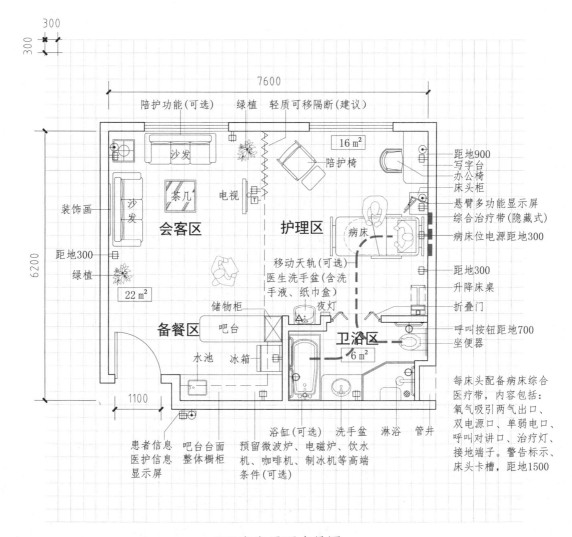

VIP病房平面布局图

图例：⊟电源插座　◡呼叫　▷电话　⊗地漏
　　　◉网络　Ｔ电视　□观片灯　◁感应龙头

空间类别	一般诊疗 空间及行为	房间编码
房间名称	VIP 病房	R1110105

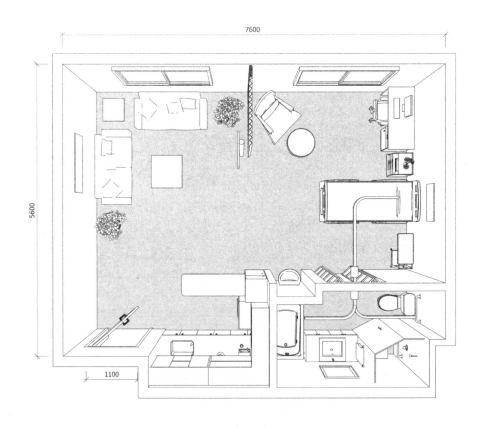

VIP 病房三维示意图

空间类别	一般诊疗 装备及环境	房间编码	
房间名称	VIP病房	R1110105	

建筑要求		规格
净尺寸		开间×进深:7600×6200
		面积:44 m²,高度:不小于2.8 m
装修		墙地面材料应便于清扫、冲洗,不污染环境
门窗		门应设观察窗,U形门把手。窗户设置应保证自然采光和通风的需要
安全私密		房间如果为落地窗,应设置安全栏杆保护医患安全

装备清单		数量	规格	备注
家具	床头柜	1	500×500×700	宜圆角
	陪护椅	1	780×610×900	软包陪护椅
	写字台	1	600×1400	尺度据产品型号
	办公椅	1	526×526	尺度据产品型号
	卫厕浴	1	—	患者洗手盆、坐便器、浴缸、淋浴
	沙发茶几	1	套	尺度据产品型号
	整体柜	1	组	尺度据产品型号
	轻质隔断	1	直线形	尺度据产品型号
设备	电视	1	1056×686×235	尺度据产品型号
	病床	1	1009×2287×700	电动病床(含升降床桌)
	医疗带	1	—	尺度据产品型号
	移动天轨	1	—	尺度据产品型号
	电冰箱	1	525×475×1208	尺度据产品型号
	显示屏	1	—	尺度据产品型号

机电要求		数量	规格	备注
医疗气体	氧气(O)	1	—	
	负压(V)	1	—	
	正压(A)	—	—	
弱电	网络接口	5	RJ45	
	电话接口	—	—	
	电视接口	1	同轴电缆	或综合布线
	呼叫接口	4	据呼叫系统型号	
强电	照明	—	照度:100 lx,色温:3300~5300 K,显色指数:不低于80	
			夜间床头部位照度不宜大于0.1 lx	
	电插座	15	220 V,50 Hz	五孔
	接地	2	小于1Ω	设在卫生间、连接医疗带
给排水	上下水	6	—	淋浴、洗手盆设热水
	地漏	1	—	
暖通	湿度/%		30~60	
	温度/℃		20~27	
	净化		—	宜优先开窗通风

7. 产科病房（单人）

空间类别	一般诊疗	房间编码
	空间及行为	
房间名称	产科病房（单人）	R1120201

说 明： 产科单人间病房用于产后患者使用，配套家具除基本的储物柜（储物和悬挂衣物）、床头柜、陪床椅外，还需设置婴儿床、洗婴设施及护理台面（也可在病区内集中设置）。病房内设干湿分离的卫浴。

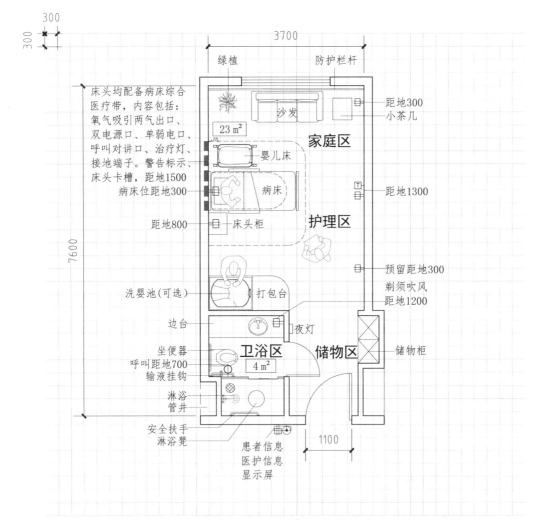

床头均配备病床综合医疗带，内容包括：氧气吸引两气出口、双电源口、单弱电口、呼叫对讲口、治疗灯、接地端子。警告标示、床头卡槽，距地1500 病床位距地300

300

300

3700

绿植　　防护栏杆

距地300
小茶几

23 m²

沙发

家庭区

婴儿床

病床

护理区

床头柜

距地800

7600

距地1300

预留距地300

剃须吹风
距地1200

洗婴池(可选)

打包台

边台

夜灯

卫浴区
4 m²

储物区

储物柜

坐便器
呼叫距地700
输液挂钩

淋浴
管井

1100

安全扶手
淋浴凳

患者信息
医护信息
显示屏

产科病房（单人）平面布局图

图例： ⊟电源插座　⌒呼叫　▷电话　⊗地漏

◉网络　Ｔ电视　▢观片灯　◁感应龙头

空间类别	一般诊疗 空间及行为	房间编码
房间名称	产科病房（单人）	R1120201

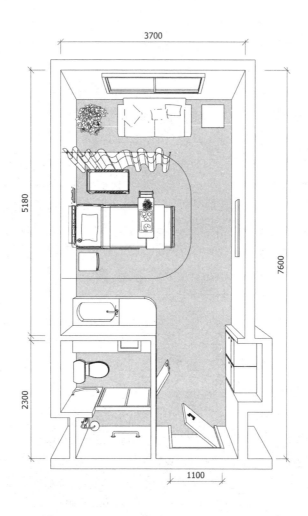

产科病房（单人）三维示意图

空间类别	一般诊疗	房间编码
	装备及环境	
房间名称	产科病房（单人）	R1120201

建筑要求	规格
净尺寸	开间×进深：3700×7600
	面积：27 m²，高度：不小于2.8 m
装修	墙地面材料应便于清扫，不污染环境
	—
门窗	门应设置观察窗，U形门把手。窗户设置应保证自然采光和通风的需要
安全私密	需设置隔帘保护患者隐私，房间如果为落地窗，应设置安全栏杆保护医患安全

装备清单		数量	规格	备注
家具	床头柜	1	450×600	宜圆角
	沙发	1	1800×700	尺度据产品型号、兼陪护
	输液吊轨	1	—	U形
	帘轨	1	—	U形
	婴儿床	1	520×860	尺度据产品型号
	卫厕浴	1	—	患者洗手盆、淋浴、马桶
	洗婴池	1	900×600	单面玻璃多功能池，亚克力一体成型
	打包台	1	800×1900	尺度据产品型号
设备	电视	1	1056×686×235	尺度据产品型号
	病床	1	900×2100	尺度据产品型号（含升降床桌）
	医疗带	1	—	尺度据产品型号
	显示屏	1	—	尺度据产品型号

机电要求		数量	规格	备注
医疗气体	氧气(O)	1	—	
	负压(V)	1	—	
	正压(A)	—	—	
弱电	网络接口	1	RJ45	
	电话接口	—		
	电视接口	2	同轴电缆	或综合布线
	呼叫接口	2	据呼叫系统型号	
强电	照明	—	照度：100 lx，色温：3300～5300 K，显色指数：不低于80	
		—	夜间床头部位照度不应大于0.1 lx	
	电插座	8	220 V，50 Hz	五孔
	接地	2	小于1Ω	设在卫生间、医疗带
给排水	上下水	4	—	淋浴、洗手盆设热水
	地漏	1	—	
暖通	湿度/%		30～60	
	温度/℃		22～26	
	净化		—	

8. 核素病房（双人）

空间类别	一般诊疗	房间编码
	空间及行为	
房间名称	核素病房(双人)	R1120602

说　明：核素病房(双人)是用于核医学科的特殊护理病房。患者注射/服药后一定时间内对周边有辐射，对于双人间来说，双床之间需设置铅板防护隔断进行保护。住院期内患者排泄物也有辐射，坐便器排放管路需防辐射，汇流至衰变池。

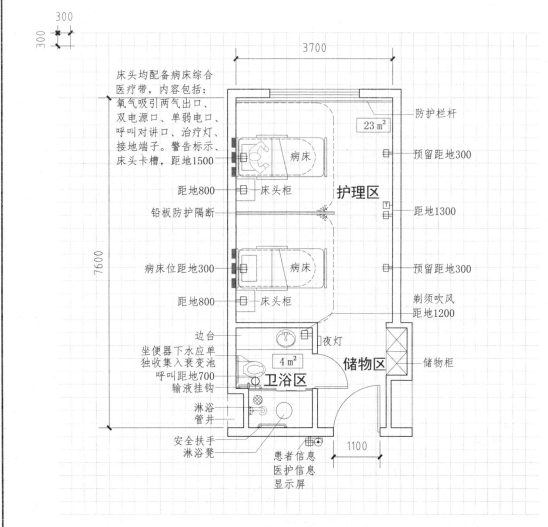

核素病房(双人)平面布局图

图例：⊞电源插座　◡呼叫　▷电话　◈地漏
　　　⊙网络　T电视　□观片灯　◁感应龙头

空间类别	一般诊疗 空间及行为	房间编码
房间名称	核素病房（双人）	R1120602

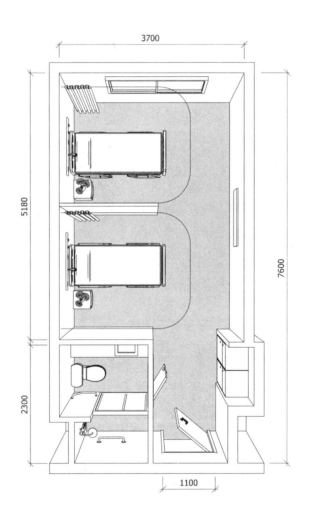

核素病房（双人）三维示意图

空间类别	一般诊疗	房间编码
	装备及环境	
房间名称	核素病房(双人)	R1120602

建筑要求	规格
净尺寸	开间×进深:3700×7600
	面积:27 m²,高度:不小于2.8 m
装修	墙地面材料应便于清扫,不污染环境
	—
门窗	门应设置观察窗,U形门把手。窗户设置应保证自然采光和通风的需要
安全私密	需设置隔帘保护患者隐私,房间如果为落地窗,应设置安全栏杆保护医患安全

装备清单		数量	规格	备注
家具	床头柜	2	450×600	宜圆角
	输液吊轨	2	—	U形
	帘轨	2	—	U形
	卫厕浴	1	—	患者洗手盆、坐便器、淋浴
设备	电视	1	1056×686×235	尺度据产品型号
	病床	2	900×2100	尺度据产品型号
	医疗带	2	—	尺度据产品型号
	显示屏	1	—	尺度据产品型号
	铅板隔断	1	—	尺度据产品型号

机电要求		数量	规格	备注
医疗气体	氧气(O)	2	—	
	负压(V)	2	—	
	正压(A)	—	—	
弱电	网络接口	2	RJ45	
	电话接口	—	—	
	电视接口	1	同轴电缆	或综合布线
	呼叫接口	3	据呼叫系统型号	
强电	照明	—	照度:100 lx,色温:3300～5300 K,显色指数:不低于80
		—	夜间床头部位照度不宜大于0.1 lx
	电插座	12	220 V,50 Hz	五孔
	接地	3	小于1Ω	设在卫生间、医疗带
给排水	上下水	3	—	淋浴、洗手盆设热水
	地漏	1	—	
暖通	湿度/%		30～60	
	温度/℃		20～27	
	净化		—	

9. 感染病房（双人）

空间类别	一般诊疗	房间编码
	空间及行为	
房间名称	感染病房（双人）	R1120702

说　明：　感染病房用于收治发热待查、呼吸道感染等患者。房间布置着重保护医护人员和防止患者之间交叉感染。因此，医患通道各自独立分开，医护人员进入病房需在过渡区更衣过渡。

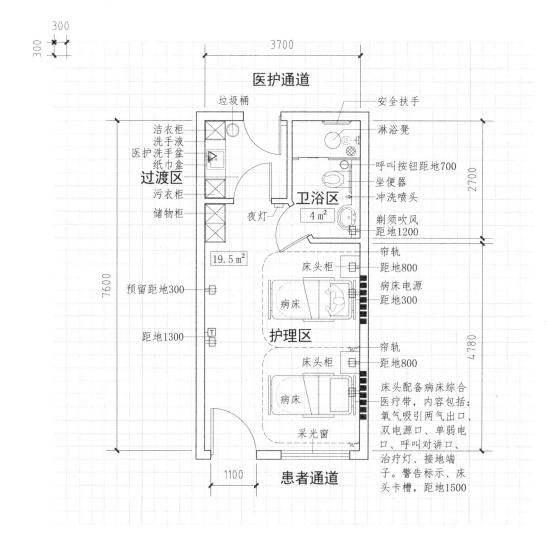

感染病房(双人)平面布局图

图例： ⊞电源插座　◯呼叫　▷电话　◉地漏
　　　　◉网络　Ｔ电视　▢观片灯　◁感应龙头

空间类别	一般诊疗 空间及行为	房间编码
房间名称	感染病房（双人）	R1120702

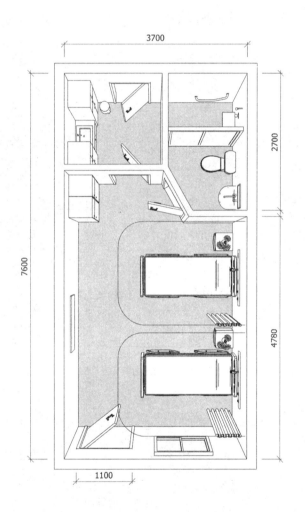

感染病房（双人）三维示意图

空间类别	一般诊疗	房间编码
	装备及环境	
房间名称	感染病房（双人）	R1120702

建筑要求	规格
净尺寸	开间×进深:3700×7600
	面积:27 m²，高度:不小于2.8 m
装修	墙地面材料应便于清扫，不污染环境
	—
门窗	门应设置观察窗，U形门把手
安全私密	需设置隔帘保护患者隐私，房间如果为落地窗，应设置安全栏杆保护医患安全

装备清单		数量	规格	备注
家具	床头柜	2	450×600	宜圆角
	输液吊轨	2	—	U形
	帘轨	2	—	U形
	卫厕浴	1	—	患者洗手盆、坐便器、淋浴
	医护洗手盆	1	500×450×800	尺度据产品型号
	洁衣柜	1	500×450	尺度据产品型号
	污衣柜	1	500×450	尺度据产品型号
	垃圾桶	1	300	直径
设备	电视		1056×686×235	尺度据产品型号
	病床		900×2100	尺度据产品型号
	医疗带		—	尺度据产品型号

机电要求		数量	规格	备注
医疗气体	氧气(O)	2	—	
	负压(V)	2	—	
	正压(A)	—	—	
弱电	网络接口	2	RJ45	
	电话接口	—		
	电视接口	1	同轴电缆	或综合布线
	呼叫接口	3	据呼叫系统型号	
强电	照明	—	照度:100 lx，色温:3300～5300 K，显色指数:不低于80
		—	夜间床头部位照度不宜大于0.1 lx
	电插座	12	220 V，50 Hz	五孔
	接地	3	小于1Ω	设在卫生间、医疗带
给排水	上下水	4	—	淋浴、洗手盆设热水
	地漏	1	—	
暖通	湿度/%		30～60	
	温度/℃		20～27	
	净化		—	

10. 心肺复苏室

空间类别	治疗处置	房间编码
	空间及行为	
房间名称	心肺复苏室	R2010101

说　明：　心肺复苏室为急救用房，用于对各种原因引起的心跳骤停实施救护和操作，以保护心、脑等重要器官。房间内设置呼吸机、除颤仪、起搏器、心电图机等抢救仪器及各种抢救药品、物品。根据医疗行为特点布置三级流程关系及家具设备，快速直达、高效抢救是要点。建议面积不小于30 m²。

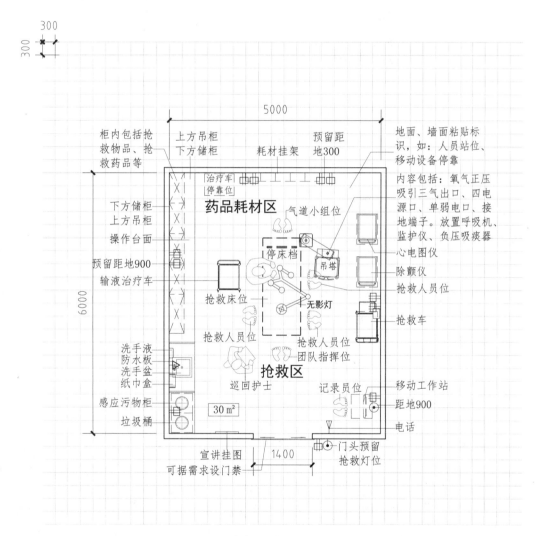

心肺复苏室平面布局图

图例：⊞电源插座　◯呼叫　▷电话　⊗地漏
　　　⊙网络　T电视　□观片灯　◁感应龙头

空间类别	治疗处置 空间及行为	房间编码
房间名称	心肺复苏室	R2010101

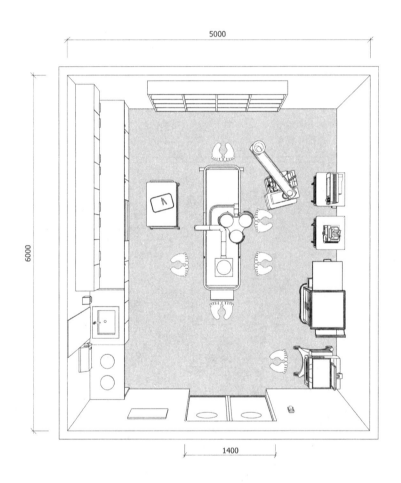

心肺复苏室三维示意图

空间类别	治疗处置	房间编码
	装备及环境	
房间名称	心肺复苏室	R2010101

建筑要求	规格	
净尺寸	开间×进深：5000×6000	
	面积：30 m²，高度：不小于2.8 m	
装修	墙地面材料应便于清扫、冲洗，不污染环境，其阴阳角宜做成圆角	
	屋顶应采用吸音材料	
门窗	门应设置一定防撞措施，U形门把手	
安全私密	家具设备需安装牢固，防止掉落	

装备清单		数量	规格	备注
家具	抢救推床	1	2100×740×890	尺度据产品型号
	垃圾桶	2	500×450×850	单联电动感应污物柜
	洗手盆	1	500×450×800	防水板、纸巾盒、洗手液、镜子（可选）
	整体柜	4	700×600×800	尺度据产品型号
	治疗车	1	560×475×870	尺度据产品型号
	抢救车	1	560×475×930	尺度据产品型号
	仪器车	2	560×475×870	尺度据产品型号
设备	移动工作站	1	600×600	包括显示器、主机、打印机
	吊塔	1	—	单臂塔，臂长600
	心电图仪	1	346×335×116	尺度据产品型号
	除颤仪	1	350×473×164	尺度据产品型号
	无影灯	1	灯头直径700	无影灯功率300 W，灯头质量14 kg

机电要求		数量	规格	备注
医疗气体	氧气(O)	2	—	
	负压(V)	2	—	
	正压(A)	2	—	
弱电	网络接口	2	RJ45	
	电话接口	3	RJ11	或综合布线
	电视接口	1	同轴电缆	或综合布线
	呼叫接口	—		
强电	照明	—	照度：750 lx，色温：3300～5300 K，显色指数：不低于90	
	电插座	16	220 V，50 Hz	五孔
	接地	1	小于1Ω	
给排水	上下水	1	安装混水器	洗手盆
	地漏	—		
暖通	湿度/%		30～60	
	温度/℃		18～26	
	净化		无	采用一定消毒方式

11. 取精室

空间类别	治疗处置	房间编码
	空间及行为	
房间名称	取精室	R2020701

说　明：取精室是生殖医学中心用于取精的配套用房。该房间与精液处理室相邻，设置互锁传递窗。房间单人间设置，需保护患者隐私。因精子对光线敏感，强光易造成精子死亡，房间灯光需特殊设计，灯光亮度需可调。

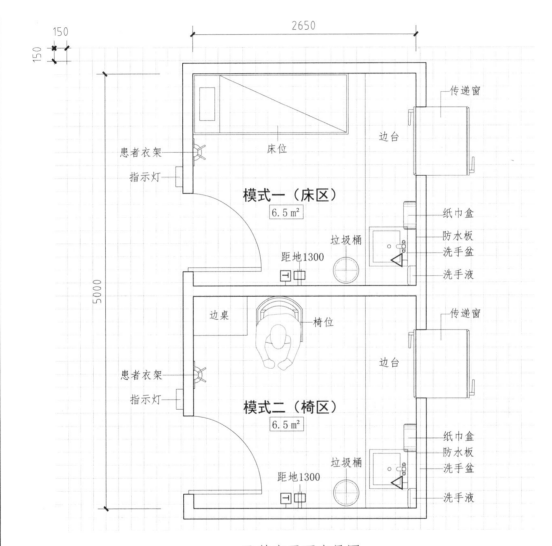

取精室平面布局图

图例：⊟电源插座　◯呼叫　▷电话　⊗地漏
　　　◉网络　Ⓣ电视　▯观片灯　◁感应龙头

空间类别	治疗处置 空间及行为	房间编码
房间名称	取精室	R2020701

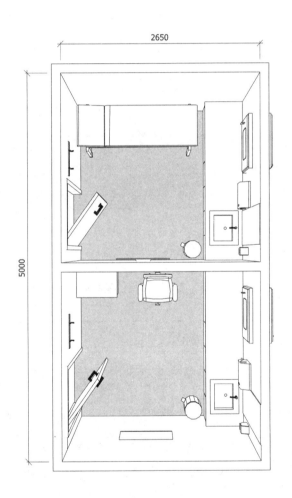

取精室三维示意图

空间类别	治疗处置	房间编码
	装备及环境	
房间名称	取精室	R2020701

建筑要求	规格
净尺寸	开间×进深：2650×2440
	面积：6.5 m²，高度：不小于2.6 m
装修	墙地面材料应便于清扫，不污染环境
	—
门窗	门应考虑隔声要求
安全私密	需保护患者隐私

装备清单		数量	规格	备注
家具	衣架	1	—	尺度据产品型号
	边台	1	2400×600	宜圆角
	洗手盆	1	500×450×800	防水板、纸巾盒、洗手液、镜子（可选）
	垃圾桶	1	300	直径
	诊床/座椅	1	1850×700/526×526	尺度据产品型号
设备	电视机	1	1056×686×235	录像机或电脑设备可选
	互锁传递窗	1	785×600×690	可选蜂鸣器、对讲机

机电要求		数量	规格	备注
医疗气体	氧气(O)	—	—	
	负压(V)	—	—	
	正压(A)	—	—	
弱电	网络接口	—		
	电话接口	—		
	电视接口	2	同轴电缆	或综合布线
	呼叫接口	—		
强电	照明	—	照度：100 lx，色温：3300～5300 K，显色指数：不低于80	
	电插座	4	220 V，50 Hz	五孔
	接地			
给排水	上下水	2	安装混水器	洗手盆
	地漏	—		
暖通	湿度/%		30～60	
	温度/℃		18～26	
	净化		—	需满足取精的洁净要求

12. 骨髓穿刺室

空间类别	治疗处置	房间编码
	空间及行为	
房间名称	骨髓穿刺室	R2030301

说　明： 骨髓穿刺室是用于检查取样操作的医疗功能用房。房间内可进行脊髓穿刺、腰椎穿刺、腹腔穿刺等操作，室内需相对洁净。根据医疗行为特点，分为操作区和准备区，配备相应的家具设备设施，建议房间面积不小于12 m²。

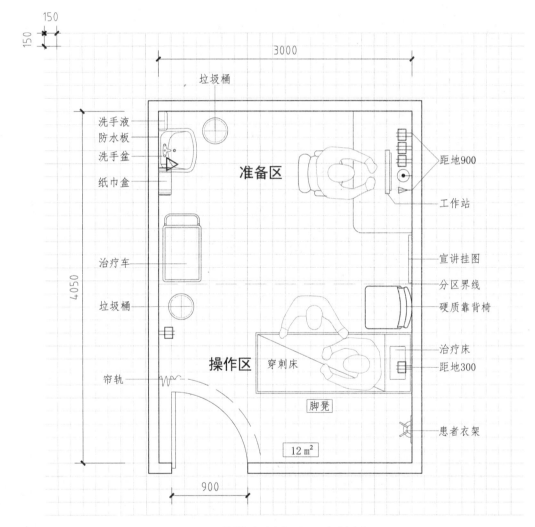

骨髓穿刺室平面布局图

图例： ⊞电源插座　○呼叫　▷电话　⊗地漏
　　　　⊙网络　Ｔ电视　□观片灯　◁感应龙头

空间类别	治疗处置	房间编码
	空间及行为	
房间名称	骨髓穿刺室	R2030301

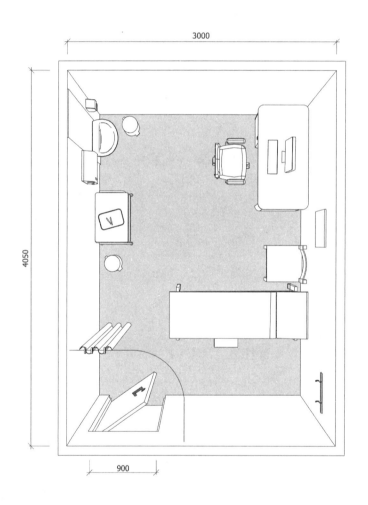

骨髓穿刺室三维示意图

空间类别	治疗处置	房间编码
	装备及环境	
房间名称	骨髓穿刺室	R2030301

建筑要求	规格
净尺寸	开间×进深：3000×4050 面积：12 m²，高度：不小于2.6 m
装修	墙地面材料应便于清扫、擦洗，不污染环境 屋顶应采用吸音材料
门窗	门宜设置非通视采光窗，U形门把手
安全私密	需设置隔帘保护患者隐私

装备清单		数量	规格	备注
家具	诊桌	1	1400×700	宜圆角
	诊床	1	1850×700	宜安装一次性床垫卷筒纸
	脚凳	1	200	高度
	座椅	1	526×526	带靠背、可升降、可移动
	衣架	1	—	尺度据产品型号
	帘轨	2	—	尺度据产品型号
	洗手盆	1	500×450×800	防水板、纸巾盒、洗手液、镜子（可选）
	治疗车	1	600×475×960	尺度据产品型号
	患者椅	1	490×557	硬质带靠背
设备	工作站	1	—	包括显示器、主机、打印机

机电要求		数量	规格	备注
医疗气体	氧气(O)	—	—	
	负压(V)	—	—	
	正压(A)	—	—	
弱电	网络接口	1	RJ45	
	电话接口	1	RJ11	或综合布线
	电视接口	—	—	
	呼叫接口	—	—	
强电	照明	—	照度：300 lx，色温：3300～5300 K，显色指数：不低于80
	电插座	6	220 V，50 Hz	五孔
	接地	—	—	
给排水	上下水	1	安装混水器	洗手盆
	地漏	—	—	
暖通	湿度/%		30～60	
	温度/℃		18～26	
	净化		无	

13. 采血室

空间类别	治疗处置	房间编码
	空间及行为	
房间名称	采血室	R2030401

说　明：采血室是为患者采血操作的场所，一般采用窗口形式。考虑医疗操作要求及患者隐私，可在窗口两侧设置隔板。此区域为有创操作，应采取一定的消毒措施，如紫外线消毒等。考虑该区域可能存在纠纷风险，应设置医疗监控设施。采血窗口数量需根据日采血数量确定。

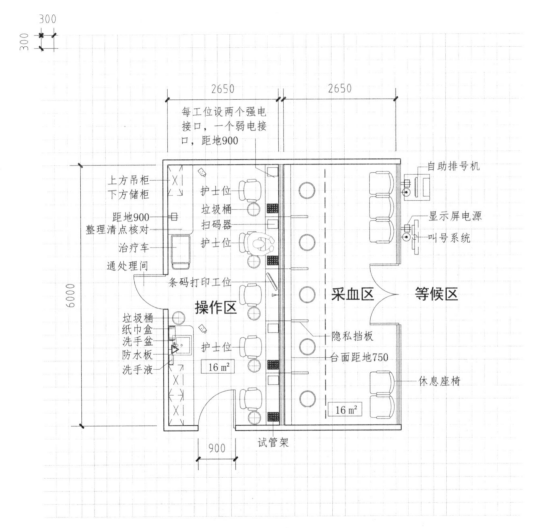

采血室平面布局图

图例：⊟电源插座　○呼叫　▷电话　◎地漏
　　　◉网络　Ｔ电视　□观片灯　◁感应龙头

空间类别	治疗处置	房间编码
	空间及行为	
房间名称	采血室	R2030401

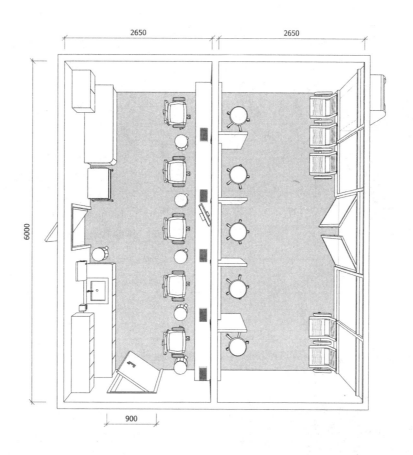

采血室三维示意图

空间类别	治疗处置	房间编码
	装备及环境	
房间名称	采血室	R2030401

建筑要求	规格
净尺寸	开间×进深:5430×6000
	面积:32 m²,高度:不小于2.6 m
装修	墙地面材料应便于清扫,不污染环境
	—
门窗	—
安全私密	—

装备清单		数量	规格	备注
家具	操作台	5	700×1400	宜圆角
	座椅	5	526×526	带靠背、可升降、可移动
	圆凳	5	380	直径
	休息座椅	5	526×526	尺度据产品型号
	洗手盆	1	500×450×800	防水板、纸巾盒、洗手液、镜子(可选)
	垃圾桶	6	300	尺度据产品型号
	试管架	若干	—	尺度据产品型号
设备	工作站	1	—	包括显示器、主机、打印机
	扫码工作站	4	—	尺度据产品型号
	自助排号机	1	—	自助一体机
	自助显示屏	1	—	具备显示、语音叫号功能

机电要求		数量	规格	备注
医疗气体	氧气(O)	—	—	
	负压(V)	—	—	
	正压(A)	—	—	
弱电	网络接口	7	RJ45	
	电话接口	1	RJ11	或综合布线
	电视接口	—	—	
	呼叫接口	—	—	
强电	照明	—	照度:300 lx,色温:3300~5300 K,显色指数:不低于80
	电插座	14	220 V,50 Hz	五孔
	接地	—	—	
给排水	上下水	1	安装混水器	洗手盆
	地漏			
暖通	湿度/%	30~60		
	温度/℃	18~26		宜优先采用自然通风
	净化	无		采用一定消毒方式

14. 自采血室

空间类别	治疗处置	房间编码
	空间及行为	
房间名称	自采血室	R2030501

说　明：　自采血室是医院输血科非标配房间，需根据项目需求明确是否设置。根据医疗
　　　　行为特点，分为准备区和操作区，房间面积建议不小于11 m²。

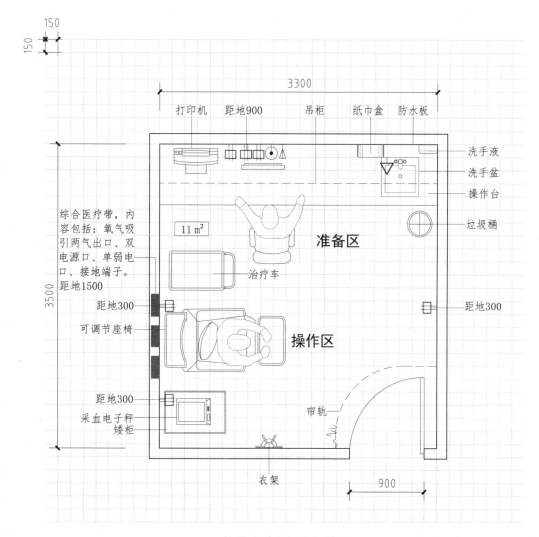

自采血室平面布局图

图例：⊟电源插座　◡呼叫　▷电话　⊗地漏
　　　⊙网络　T电视　⊡观片灯　◁感应龙头

空间类别	治疗处置 空间及行为	房间编码
房间名称	自采血室	R2030501

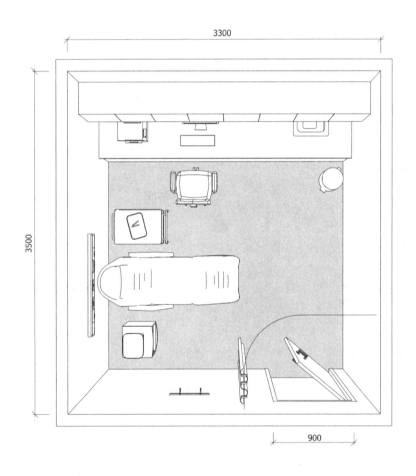

自采血室三维示意图

空间类别	治疗处置	房间编码
	装备及环境	
房间名称	自采血室	R2030501

建筑要求	规格
净尺寸	开间×进深:3300×3500
	面积:11 m²,高度:不小于2.6 m
装修	墙地面材料应便于清扫、擦洗,不污染环境
	—
门窗	门应设U形门把手
安全私密	需设置隔帘保护患者隐私

装备清单		数量	规格	备注
家具	吊柜操作台	1	3300×700	现场测量定制
	座椅	1	526×526	带靠背、可升降、可移动
	洗手盆	1	500×450×800	防水板、纸巾盒、洗手液、镜子(可选)
	垃圾桶	1	300	直径
	衣架	1	—	尺度据产品型号
	帘轨	1	—	L形
	可调节座椅	1	—	尺度据产品型号
	矮柜	1	400×700×650	尺度据产品型号
	治疗车	1	600×475×960	尺度据产品型号
设备	工作站	1	—	包括显示器、主机、打印机
	采血电子秤	1	300×200	称重、采血量控制、报警、摇摆功能
	治疗带	1	—	尺度据产品型号

机电要求		数量	规格	备注
医疗气体	氧气(O)	1	—	
	负压(V)	1	—	
	正压(A)	—	—	
弱电	网络接口	2	RJ45	
	电话接口	1	RJ11	或综合布线
	电视接口	—	—	
	呼叫接口	—	—	
强电	照明	—	照度:300 lx,色温:3300～5300 K,显色指数:不低于80	
	电插座	9	220 V,50 Hz	五孔
	接地	1	小于1Ω	
给排水	上下水	1	安装混水器	洗手盆
	地漏	—		
暖通	湿度/%	30～60		
	温度/℃	18～26		宜优先采用自然通风
	净化	无		采取一定的消毒措施

15. 新生儿处置室

空间类别	治疗处置	房间编码
	空间及行为	
房间名称	新生儿处置室	R2030801

说　明：　新生儿处置室是对新生儿进行处置及治疗的场所，设在护士站附近，需考虑避免处置时婴儿不适吵闹对其他婴儿的影响。房间内设置氧气、吸引、空气消毒设施。建议面积不小于9 m²。

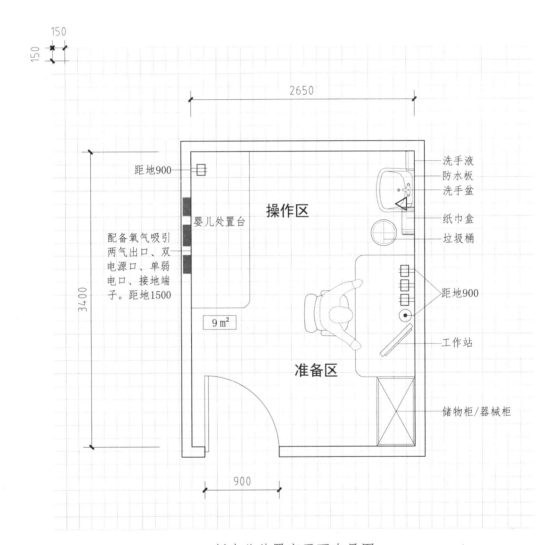

新生儿处置室平面布局图

图例：▯电源插座　◯呼叫　▷电话　◎地漏
　　　◉网络　Ⅰ电视　▢观片灯　◁感应龙头

空间类别	治疗处置 空间及行为	房间编码
房间名称	新生儿处置室	R2030801

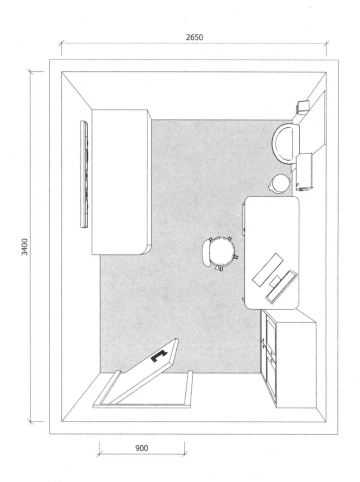

新生儿处置室三维示意图

空间类别	治疗处置 装备及环境	房间编码
房间名称	新生儿处置室	R2030801

建筑要求	规格
净尺寸	开间×进深:2650×3400 面积:9 m²,高度:不小于2.6 m
装修	墙地面材料应便于清扫、冲洗,不污染环境 —
门窗	门需考虑隔声要求
安全私密	—

装备清单		数量	规格	备注
家具	处置台	1	700×2000	尺度据产品型号
	洗手盆	1	500×450×800	防水板、纸巾盒、洗手液、镜子(可选)
	垃圾桶	1	300	直径
	储物柜	1	900×450	尺度据产品型号
	诊桌	1	700×1400	宜圆角
	诊椅	1	526×526	带靠背、可升降、可移动
设备	工作站	1	—	包括显示器、主机、打印机

机电要求		数量	规格	备注
医疗气体	氧气(O)	1	—	
	负压(V)	1	—	
	正压(A)	—	—	
弱电	网络接口	2	RJ45	
	电话接口	—	—	
	电视接口	—	—	
	呼叫接口	—	—	
强电	照明	—	照度:200 lx,色温:3300~5300 K,显色指数:不低于80	
	电插座	7	220 V,50 Hz	五孔
	接地	—	—	
给排水	上下水	1	安装混水器	洗手盆
	地漏			
暖通	湿度/%		30~60	
	温度/℃		22~26	
	净化		无	采取一定的消毒措施

16. 眼科治疗室

空间类别	治疗处置	房间编码
	空间及行为	
房间名称	眼科治疗室	R2040101

说明： 眼科治疗室是进行眼科治疗、换药等医疗操作的功能房间。由于为眼部操作，患者需头部朝向医护方向，房间对隐私要求不高，有一定清洁要求。根据医疗行为要求，分为治疗区、记录区和洗手区，并同准备消毒区连通。房间面积需根据治疗床量化要求确定。

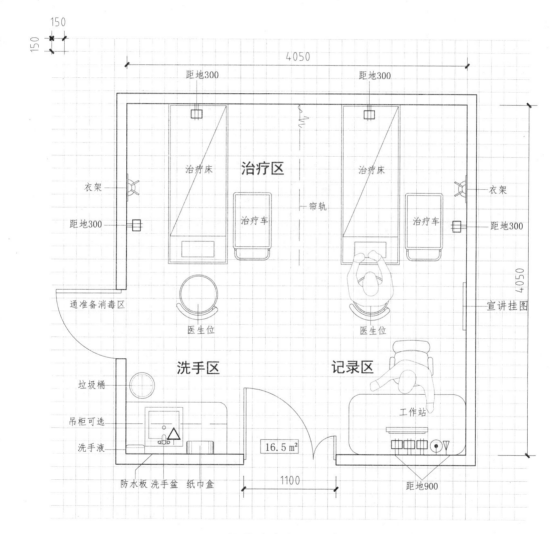

眼科治疗室平面布局图

图例：⊟电源插座 ○呼叫 ▷电话 ⊗地漏
⊙网络 T电视 ⊓观片灯 ◁感应龙头

空间类别	治疗处置 空间及行为	房间编码
房间名称	眼科治疗室	R2040101

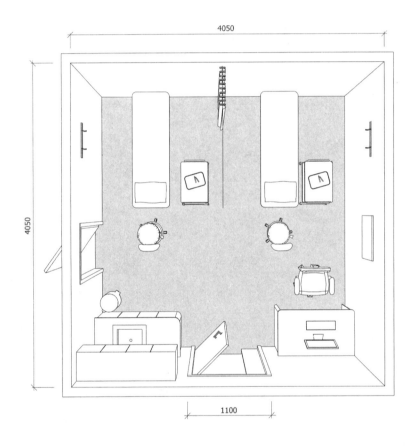

眼科治疗室三维示意图

空间类别	治疗处置	房间编码	
	装备及环境		
房间名称	眼科治疗室	R2040101	

建筑要求		规格
净尺寸		开间×进深:4050×4050
		面积:16.5 m²,高度:不小于2.6 m
装修		墙地面材料应便于清扫、擦洗,不污染环境
		屋顶应采用吸音材料
门窗		门宜设置非通视采光窗,U形门把手
安全私密		需设置隔帘保护患者隐私

装备清单		数量	规格	备注
家具	诊桌	1	900×535	宜圆角
	诊床	2	1850×700	宜安装一次性床垫卷筒纸
	垃圾桶	1	300	尺度据产品型号
	诊椅	1	526×526	带靠背、可升降、可移动
	圆凳	2	380	直径,带靠背
	衣架	2	—	尺度据产品型号
	帘轨	1	—	尺度据产品型号
	洗手盆	1	500×450×800	防水板、纸巾盒、洗手液、镜子(可选)
	治疗推车	2	600×475×960	尺度据产品型号
设备	工作站	1	1400×700×750	包括显示器、主机、打印机

机电要求		数量	规格	备注
医疗气体	氧气(O)	—	—	
	负压(V)	—	—	
	正压(A)	—	—	
弱电	网络接口	1	RJ45	
	电话接口	1	RJ11	或综合布线
	电视接口	—	—	
	呼叫接口	—	—	
强电	照明	—	照度:300 lx,色温:3300～5300 K,显色指数:不低于80	
	电插座	8	220 V,50 Hz	五孔
	接地	—		
给排水	上下水	1	安装混水器	洗手盆
	地漏	—		
暖通	湿度/%		30～60	
	温度/℃		18～26	宜优先采用自然通风
	净化		无	

17. 盆底治疗室

空间类别	治疗处置	房间编码
	空间及行为	
房间名称	盆底治疗室	R2040703

说　明：盆底治疗是针对妇女盆底肌力不足的治疗手段，通过阴道哑铃或肌电刺激均可达到锻炼和预防的效果。根据医疗行为特点，房间分为衣物整理区、治疗区及分析区。房间需强调患者隐私，面积不小于15 m²。

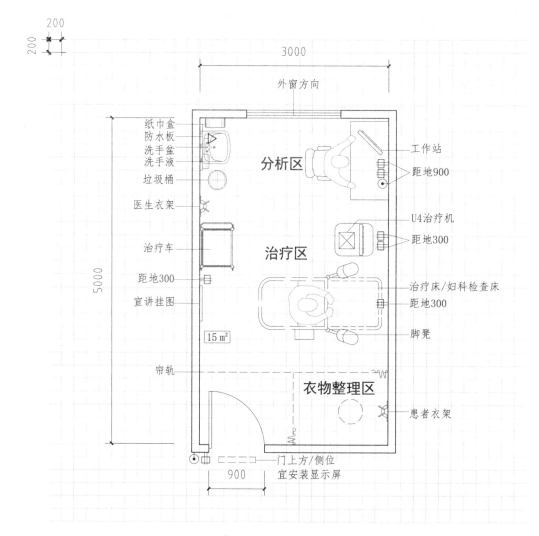

盆底治疗室 平面布局图

图例：⊟电源插座　⊖呼叫　▷电话　⊗地漏
　　　⊙网络　Ｔ电视　□观片灯　◁感应龙头

空间类别	治疗处置	房间编码
	空间及行为	
房间名称	盆底治疗室	R2040703

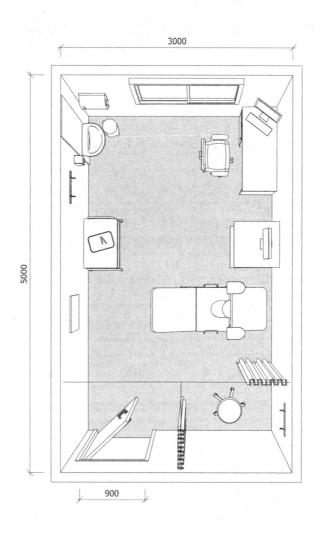

盆底治疗室三维示意图

空间类别	治疗处置	房间编码
	装备及环境	
房间名称	盆底治疗室	R2040703

建筑要求	规格
净尺寸	开间×进深:3000×5000 面积:15 m²,高度:不小于2.6 m
装修	墙地面材料应便于清扫、擦洗,不污染环境
门窗	门宜设置非通视采光窗,U形门把手。窗户设置应保证自然采光和通风的需要
安全私密	需设置隔帘保护患者隐私,房间如果为落地窗,应设置安全栏杆保护医患安全 —

装备清单		数量	规格	备注
家具	工作台	1	700×1400	尺度据产品型号
	诊椅	1	526×526	带靠背、可升降、可移动
	洗手盆	1	500×450×800	防水板、纸巾盒、洗手液、镜子（可选）
	垃圾桶	1	300	直径
	脚凳	1	200	高度
	治疗车	1	600×475×960	尺度据产品型号
	帘轨	1	—	直线形
	衣架	2	—	尺度据产品型号
设备	工作站	2	—	包括显示器、主机、打印机
	妇科检查床	1	1400×580×960	宜安装一次性床垫卷筒纸
	U4治疗机	1	102×152×51	U4盆底功能障碍治疗仪,配移动底座
	显示屏	1	—	尺度据产品型号

机电要求		数量	规格	备注
医疗气体	氧气(O)	—	—	
	负压(V)	—	—	
	正压(A)	—	—	
弱电	网络接口	2	RJ45	
	电话接口	—	—	
	电视接口	—	—	
	呼叫接口	—	—	
强电	照明	—	照度:300 lx,色温:3300～5300 K,显色指数:不低于80	
	电插座	8	220 V,50 Hz	五孔
	接地	—	—	
给排水	上下水	1	安装混水器	洗手盆
	地漏	—	—	
暖通	湿度/%		30～60	
	温度/℃		18～26	宜优先采用自然通风
	净化		无	采用一定消毒方式

18. 日间化疗室

空间类别	治疗处置	房间编码
	空间及行为	
房间名称	日间化疗室	R2050203

说　明：　日间化疗室用于对肿瘤患者进行日间化疗的医疗操作，为单人隔间形式，提供高端服务，最终模式可根据项目要求进行确定。根据医疗行为特点，分为治疗区、准备区和陪护区，进行相应家具设备配置。房间面积不小于12 m²。

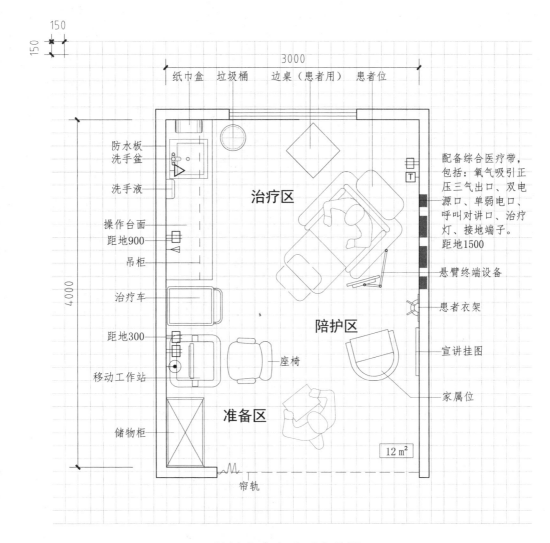

日间化疗室平面布局图

图例：□电源插座　○呼叫　▷电话　⊗地漏
　　　⊙网络　T电视　□观片灯　◁感应龙头

空间类别	治疗处置 空间及行为	房间编码
房间名称	日间化疗室	R2050203

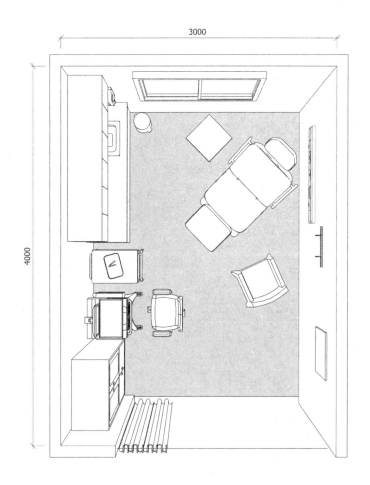

日间化疗室三维示意图

空间类别	治疗处置	房间编码
	装备及环境	
房间名称	日间化疗室	R2050203

建筑要求	规格
净尺寸	开间×进深:3000×4000
	面积:12 m²,高度:不小于2.6 m
装修	墙地面材料应便于清扫,不污染环境
	—
门窗	宜设置外窗,实现自然通风采光条件
安全私密	设置隔帘保护患者隐私,房间如果为落地窗,应设置安全栏杆保护医患安全

装备清单		数量	规格	备注
家具	洗手盆	1	500×450×800	防水板、纸巾盒、洗手液、镜子(可选)
	帘轨	1	—	直线形
	操作台	1	3900×600	尺度据产品型号
	储物柜	1	900×600×1850	尺度据产品型号
	诊椅	1	526×526	带靠背、可升降、可移动
	家属座椅	1	526×526	带靠背
	输液椅	1	730×840×1050	尺度据产品型号
	边桌	1	450×450	宜圆角
	治疗推车	1	600×475×960	尺度据产品型号
设备	移动工作站	1	600×600	包括显示器、主机、打印机
	电视机	1	1059×686×235	尺度据产品型号
	医疗带	1	—	尺度据产品型号

机电要求		数量	规格	备注
医疗气体	氧气(O)	1	—	
	负压(V)	1	—	
	正压(A)	1	—	
弱电	网络接口	2	RJ45	应考虑远程医疗
	电话接口	1	RJ11	或综合布线
	电视接口	1	同轴电缆	或综合布线
	呼叫接口	1	据呼叫系统型号	
强电	照明	—	照度:100 1x,色温:3300~5300 K,显色指数:不低于80	
	电插座	7	220 V,50 Hz	五孔
	接地	1	小于1Ω	
给排水	上下水	1	—	洗手盆
	地漏	—	—	
暖通	湿度/%		30~60	
	温度/℃		18~26	
	净化		无	采用一定消毒方式

19. ICU 单间

空间类别	治疗处置	房间编码
	空间及行为	
房间名称	ICU单间	R2110201

说　明：　重症监护病房（ICU）对治疗、监护要求高，对私密性无太高要求。单间监护单
元不小于18㎡，房间恒温恒湿。可设置电视电话探视系统。根据医疗行为特点
布置家具设备设施，建议设置自然通风采光条件。

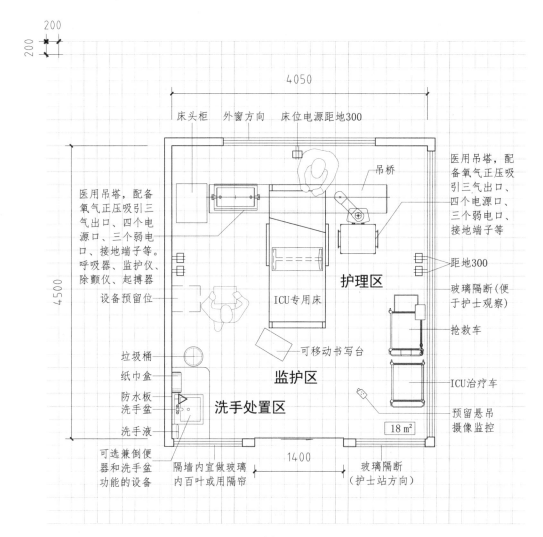

ICU单间平面布局图

图例：▭电源插座　○呼叫　▷电话　⊗地漏
　　　⊙网络　T电视　▢观片灯　◁感应龙头

空间类别	治疗处置 空间及行为	房间编码
房间名称	ICU 单间	R2110201

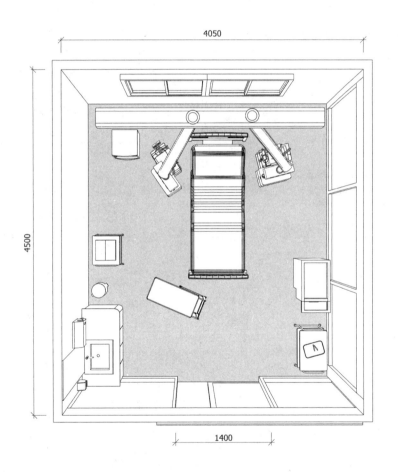

ICU 单间三维示意图

空间类别	治疗处置	房间编码
	装备及环境	
房间名称	ICU单间	R2110201

建筑要求	规格
净尺寸	开间×进深：4050×4500
	面积：18 m²，高度：不小于2.8 m
装修	墙地面材料应便于清扫、擦洗，不污染环境
	—
门窗	宜设自动感应门，建议设置外窗
安全私密	房间如果为落地窗，应设置安全栏杆保护医患安全

装备清单		数量	规格	备注
家具	床头柜	1	450×600	尺度据产品型号
	洗手盆	1	500×450×800	可选兼倒便器和洗手盆功能的洁具
	书写台	1	1100×400×800	过床桌，可升降
	治疗车	1	600×475×960	尺度据产品型号
	抢救车	1	560×475×930	尺度据产品型号
设备	摄像监控	1	—	尺度据产品型号
	双臂吊桥	1	—	桥式吊塔
	病床	1	900×2100	电动病床

机电要求		数量	规格	备注
医疗气体	氧气(O)	2	—	
	负压(V)	2	—	
	正压(A)	2	—	
弱电	网络接口	6	RJ45	
	电话接口	—		
	电视接口	—		
	呼叫接口	1	据呼叫系统型号	
强电	照明	—	照度：300 lx，色温：3300~5300 K，显色指数：不低于80	
		—	夜间守护照明的照度宜大于5 lx	
	电插座	14	220 V，50 Hz	五孔
	接地	2	小于1Ω	
给排水	上下水	1	安装混水器	
	地漏	—		
暖通	湿度/%		40~65	采用普通空调系统时
	温度/℃		24~27	采用普通空调系统时
	净化		—	如采用洁净用房，宜Ⅳ级

20. 监护岛型 ICU 单间

空间类别	治疗处置	房间编码
	空间及行为	
房间名称	监护岛型ICU单间	R2110701

说　明：　监护岛型ICU单间功能条件与ICU单间相同，本房型更加强调护士工作效率的提高，缓解工作强度。

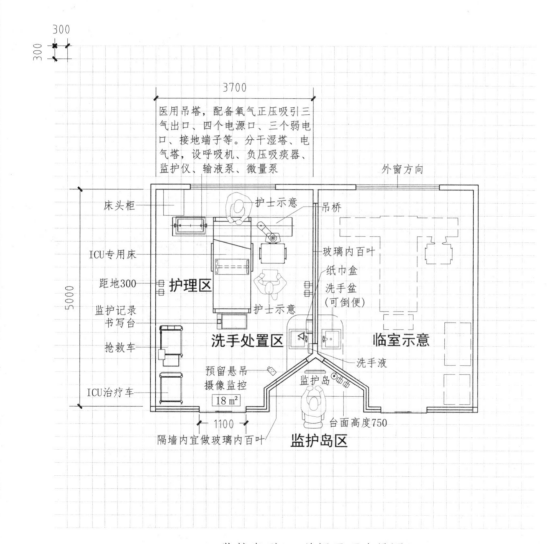

监护岛型ICU单间平面布局图

图例：⊟电源插座　○呼叫　▷电话　⊗地漏
　　　⊙网络　T电视　□观片灯　◁感应龙头

空间类别	治疗处置 空间及行为	房间编码
房间名称	监护岛型 ICU 单间	R2110701

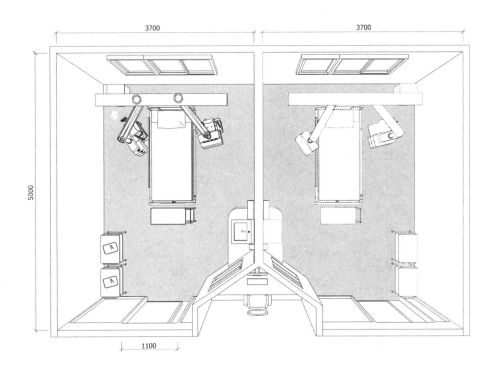

监护岛型 ICU 单间三维示意图

空间类别	治疗处置 装备及环境	房间编码	
房间名称	监护岛型ICU单间	R2110701	

建筑要求		规格
净尺寸		开间×进深:3700×5000
		面积:18 m²,高度:不小于2.8 m
装修		墙地面材料应便于清扫、擦洗,不污染环境
		—
门窗		宜设自动感应门,建议设置外窗
安全私密		房间如果为落地窗,应设置安全栏杆保护医患安全

装备清单		数量	规格	备注
家具	书写台	1	900×350×700/1000	尺度据产品型号
	洗手盆	1	500×450×800	防水板、纸巾盒、洗手液、镜子(可选)
	治疗车	1	560×475×870	尺度据产品型号
	抢救车	1	560×475×930	尺度据产品型号
	床头柜	1	450×600	尺度据产品型号
设备	工作站	1	—	包括显示器、主机
	摄像监控	1	—	尺度据产品型号
	双臂吊桥	1	—	旋臂ICU吊桥吊塔(干湿分离)
	病床	1	900×2100	电动病床

机电要求		数量	规格	备注
医疗气体	氧气(O)	2	—	
	负压(V)	2	—	
	正压(A)	2	—	
弱电	网络接口	7	RJ45	应考虑远程医疗
	电话接口	—		
	电视接口	—		
	呼叫接口	1	据呼叫系统型号	
强电	照明	—	照度:300 lx,色温:3300~5300 K,显色指数:不低于80	
		—	夜间守护照明的照度宜大于5 lx	
	电插座	15	220 V,50 Hz	五孔
	接地	2	小于1Ω	
给排水	上下水	1		
	地漏	—		
暖通	湿度/%		45~65	采用普通空调系统时
	温度/℃		24~27	采用普通空调系统时
	净化		湿度30~60,温度24±1.5	采用洁净用房,宜IV级

21. 产科分娩室

空间类别	治疗处置	房间编码
	空间及行为	
房间名称	产科分娩室	R2210101

说　明：　产科分娩室内需恒温恒湿环境，设置吊柜、矮柜、器械柜等储物空间。根据医疗行为特点，分为准备区、训练区、生产区及母婴区，双门双通道设置利于感染控制。房间面积不小于25 m²。

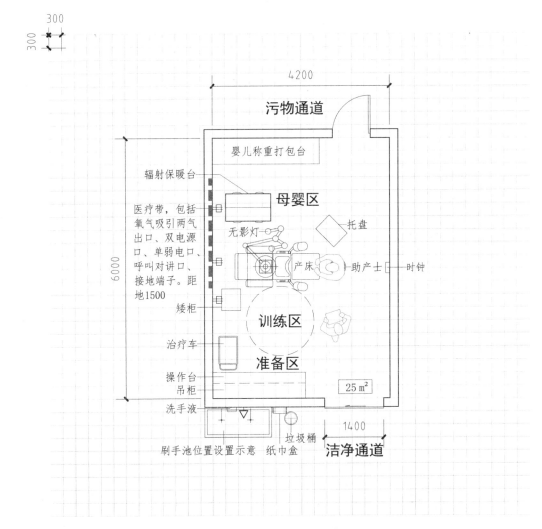

产科分娩室平面布局图

图例：⊞电源插座　◯呼叫　▷电话　⊗地漏
　　　⊙网络　Ｔ电视　▭观片灯　◁感应龙头

空间类别	治疗处置 空间及行为	房间编码
房间名称	产科分娩室	R2210101

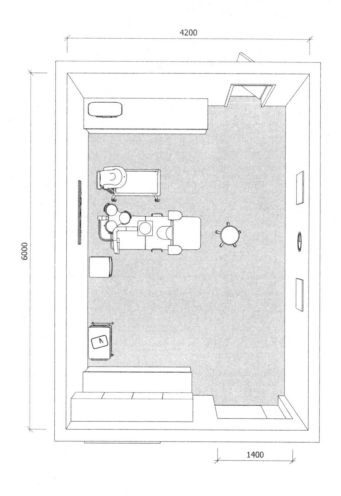

产科分娩室三维示意图

空间类别	治疗处置 装备及环境	房间编码
房间名称	产科分娩室	R2210101

建筑要求	规格
净尺寸	开间×进深:4200×6000 面积:25 m²,高度:不小于3 m
装修	墙地面材料应便于清扫,不污染环境 —
门窗	应设自动感应门,考虑隔声要求
安全私密	—

装备清单		数量	规格	备注
家具	床头柜	1	450×600	尺度据产品型号
	吊柜操作台	2	2200×600	尺度据产品型号
	治疗车	1	600×475×960	尺度据产品型号
	刷手池	1	—	防水板、纸巾盒、洗手液、镜子(可选)
设备	辐射保暖台	1	1500×810×1475	功率0.9 kW(参考)
	治疗带	2	—	尺度据产品型号
	产床	1	1920×610×790	多功能产床,质量125 kg(参考)
	无影灯	1	1165×1050×355	单臂无影灯

机电要求		数量	规格	备注
医疗气体	氧气(O)	2	—	
	负压(V)	2	—	
	正压(A)	—	—	
弱电	网络接口	2	RJ45	
	电话接口	—		
	电视接口	—		
	呼叫接口	1	据呼叫系统型号	
强电	照明	—	照度:750 lx,色温:3300～5300 K,显色指数:不低于90	
	电插座	8	220 V,50 Hz	五孔
	接地	2	小于1Ω	治疗带及等电位接地
给排水	上下水	1	安装混水器	刷手池
	地漏	—		
暖通	湿度/%		50～60	
	温度/℃		26～28	宜优先采用自然通风
	净化		—	采用一定消毒方式

22. C-LDR 产房

空间类别	治疗处置	房间编码
	空间及行为	
房间名称	C-LDR产房	R2210502

说　明：　C-LDR产房是在LDR产房基础上发展出的更贴近国内使用习惯及感染控制要求的产房房型。室内分为分娩区、护理区/母婴区、家庭区，设有电动病床、辐射保暖台等设备。在分娩区有洁净要求，设置手术灯、抢救设备等。本房型可利用病房格局设计，满足待产、生产及产后恢复的功能需求。

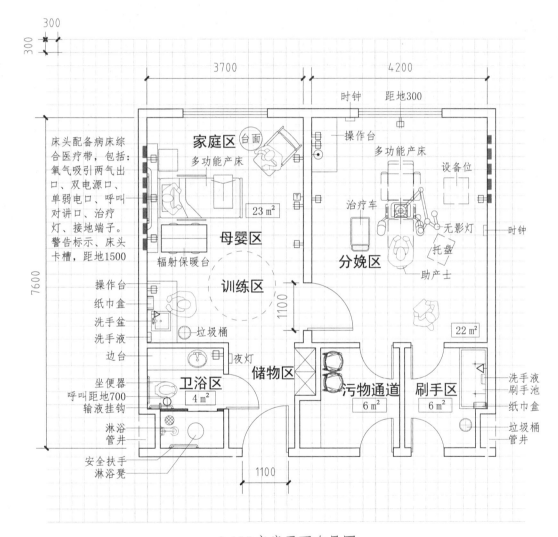

C-LDR产房平面布局图

图例：⊟电源插座　○呼叫　▷电话　◈地漏

⊙网络　T电视　□观片灯　◁感应龙头

空间类别	治疗处置 空间及行为	房间编码
房间名称	C-LDR 产房	R2210502

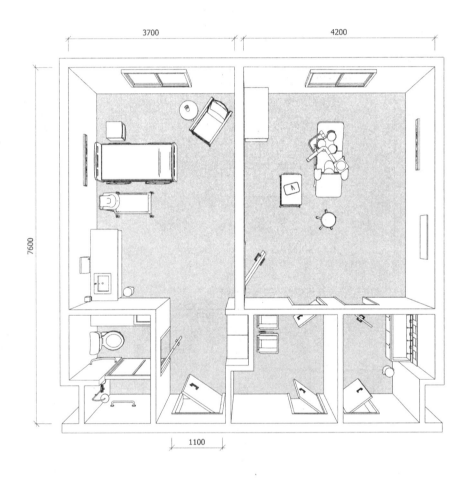

C-LDR 产房三维示意图

空间类别	治疗处置		房间编码	
	装备及环境			
房间名称	C-LDR产房		R2210502	

建筑要求		规格		
净尺寸		开间×进深:8100×7600		
		面积:61 m², 高度:不小于2.8 m		
装修		墙地面材料应便于清扫、冲洗,不污染环境		
		—		
门窗		门应设置观察窗, U形门把手		
安全私密		需设置隔帘保护患者隐私,房间如果为落地窗,应设置安全栏杆保护医患安全		

装备清单		数量	规格	备注
家具	床头柜	1	450×600	尺度据产品型号
	洗手盆	1	500×450×800	防水板、纸巾盒、洗手液、镜子(可选)
	操作台	1	1250×600	尺度据产品型号
	卫厕浴	1	—	患者洗手盆、坐便器、淋浴
	治疗车	1	600×475×960	尺度据产品型号
	托盘	1	400×300	尺度据产品型号
	陪床椅	1	1900×700×600	尺度据产品型号
设备	刷手池	1	—	防水板、纸巾盒、洗手液、镜子(可选)
	多功能产床	2	2350×940×500	电动多功能产床,质量218 kg(参考)
	治疗带	2		尺度据产品型号
	无影灯	1	灯头直径600	无影灯质量6.5 kg,功率120 W(参考)
	辐射保暖台	1	1270×810×1120	尺度据产品型号

机电要求		数量	规格	备注
医疗气体	氧气(O)	4	—	
	负压(V)	4	—	
	正压(A)	—	—	
弱电	网络接口	5	RJ45	
	电话接口	—		
	电视接口	1	同轴电缆	或综合布线
	呼叫接口	3	据呼叫系统型号	
强电	照明	—	照度:母婴区100 1x,分娩区750 1x	
		—	色温:3300~5300 K,显色指数:不低于80	
	电插座	20	220 V, 50 Hz	五孔
	接地	3	小于1Ω	治疗带及等电位接地
给排水	上下水	5		洗手盆、坐便器
	地漏	1		
暖通	湿度/%		30~60	
	温度/℃		22~26	宜优先采用自然通风
	净化		—	采用一定消毒方式

23. 水中分娩室

空间类别	治疗处置	房间编码
	空间及行为	R2210601
房间名称	水中分娩室	

说 明： 水中分娩是自然分娩的一种方式，能减轻产妇一定的分娩疼痛。产妇在浴缸或专用水中分娩缸中分娩，需保证水的恒温和无菌，通常需设置专用的水循环和过滤系统。房间内宜设淋浴房，便于产妇产后清洗。需要考虑产妇离开浴缸过程中的风险，如产妇滑倒、胎儿急产等。

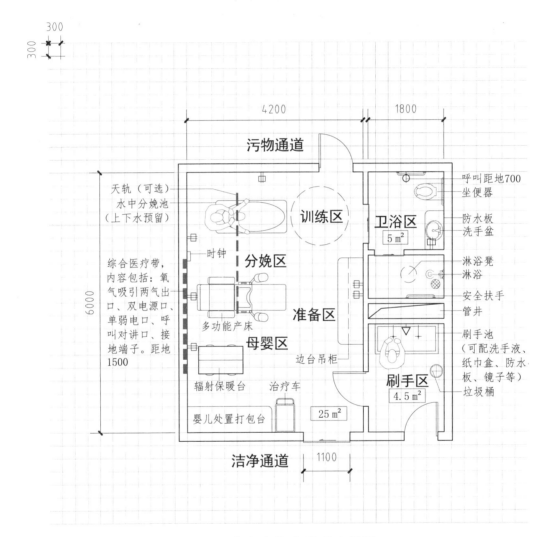

水中分娩室平面布局图

图例： ⊟电源插座　◯呼叫　▷电话　◎地漏
　　　　⊙网络　Ｔ电视　▯▯观片灯　◁感应龙头

空间类别	治疗处置	房间编码
	空间及行为	
房间名称	水中分娩室	R2210601

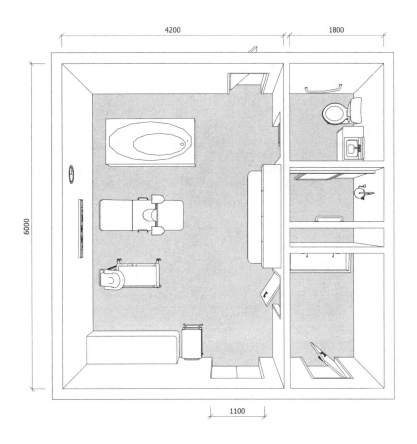

水中分娩室三维示意图

空间类别	治疗处置 装备及环境		房间编码
房间名称	水中分娩室		R2210601

建筑要求	规格		
净尺寸	开间×进深:6120×6000 面积:34.5 m²,高度:不小于2.8 m		
装修	墙地面材料应便于清扫、冲洗,不污染环境 水中分娩室地面防水		
门窗	—		
安全私密	需设置隔帘保护患者隐私,房间如果为落地窗,应设置安全栏杆保护医患安全		

装备清单		数量	规格	备注
家具	处置打包台	1	2000×600×750	宜圆角
	边台吊柜	1	2000×600×750	宜圆角
	卫厕浴	1	—	患者洗手盆、坐便器、淋浴
	垃圾桶	1	300	尺度据产品型号
设备	刷手池	1	—	防水板、纸巾盒、洗手液、镜子（可选）
	治疗带	2	—	尺度据产品型号
	多功能产床	1	2350×940×500-890	电动多功能床,质量218 kg（参考）
	水中分娩池	1	1200×1700×700	冷/热水管,排水管,功率1100 W
	辐射保暖台	1	1270×810×1120	尺度据产品型号

机电要求		数量	规格	备注
医疗气体	氧气(O)	2	—	
	负压(V)	2	—	
	正压(A)	—	—	
弱电	网络接口	2	RJ45	
	电话接口	—	—	
	电视接口	—	—	
	呼叫接口	2	据呼叫系统型号	
强电	照明	—	照度:750 lx,色温:3300~5300 K,显色指数:不低于80	
	电插座	12	220 V,50 Hz	五孔
	接地	2	小于1Ω	治疗带及等电位接地
给排水	上下水	5	—	洗手盆、坐便器、刷手池、分娩池等
	地漏	2	—	卫生间、分娩池
暖通	湿度/%		50~60	
	温度/℃		26~28	宜优先采用自然通风
	净化		—	采用一定消毒方式

24. 标准手术室

空间类别	治疗处置	房间编码
	空间及行为	
房间名称	标准手术室	R2220101

说　明：手术室是用于手术治疗的专用功能房间。室内需严格控制细菌数和麻醉废气气体浓度，提供适宜的温、湿度，创造一个洁净手术空间环境。洁净手术室使用层流超净装置对空气进行处理，对房间人流动线、物流动线有严格要求。洁净手术室需满足《医院洁净手术部建筑技术规范》GB 50333—2013要求。房间内需设置无影灯、手术床、医用吊塔、麻醉设备、监护仪等设备。

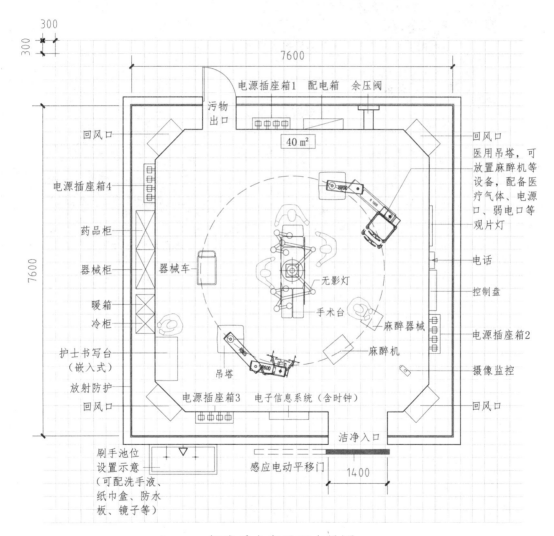

标准手术室平面布局图

图例：　⊞电源插座　◯呼叫　▷电话　⊗地漏

　　　　⊙网络　Ｔ电视　▱观片灯　◁感应龙头

空间类别	治疗处置	房间编码
	装备及环境	
房间名称	标准手术室	R2220101

建筑要求	规格
净尺寸	开间×进深:7600×7600
	面积:40 m², 高度:不小于2.8 m
装修	墙地面应采用表面光洁、耐磨、耐腐蚀、不产尘的材料
	表面应采用易清洁消毒、不吸湿、不易长霉的材料
门窗	可选用电磁感应门
安全私密	严格控制室内的洁净,满足感染控制要求

装备清单		数量	规格	备注
家具	器械柜	1	900×450	嵌入式,尺度据产品型号
	药品柜	1	900×450	嵌入式,尺度据产品型号
	书写台	1	1400×600	嵌入式,尺度据产品型号
	器械车	2	1550×500×960	尺度据产品型号
	刷手池	1	2150×600×1100	防水板、纸巾盒、洗手液、镜子(可选)
设备	手术台	1	2000×520×800	质量160 kg,最大承重350 kg,功率150 W
	无影灯	1	灯头直径720	质量38 kg,功率180 W(参考)
	观片灯	1	2025×506×110	嵌入式多联,可分控
	监护仪	1	450×600	尺度据产品型号
	麻醉设备	1	450×600	尺度据产品型号
	吊塔	2	活动半径600~2500	承重120~200 kg(参考)
	暖箱	1	900×450	尺度据产品型号
	冰柜	1	900×450	尺度据产品型号
	监控摄像头	1	—	尺度据产品型号

机电要求		数量	规格	备注
医疗气体	氧气(O)	2	—	
	负压(V)	2	—	
	正压(A)	2	—	
弱电	网络接口	4	RJ45	
	电话接口	1	RJ11	或综合布线
	电视接口	—	—	
	呼叫接口	—	—	
强电	照明	—	照度:750 lx, 色温:3300~5300 K, 显色指数:不低于90	
	电插座	25	220 V, 50 Hz	五孔
	接地	1	小于1Ω	
给排水	上下水	1	—	刷手池
	地漏	—	—	
暖通	湿度/%	30~60		
	温度/℃	21~25		
	净化	根据要求确定洁净度	设置净化空调系统	

25. 骨科手术室

空间类别	治疗处置	房间编码
	空间及行为	
房间名称	骨科手术室	R2220201

说　明：　手术室大小根据使用性质而定，骨科手术室因参加手术的人员多，各种仪器设备多，如移动C型臂X线机等，因此要有较大面积。手术室应尽量减少直角并利于清洗。手术室对温度、湿度及净化都有严格要求，需设置放射防护设施。

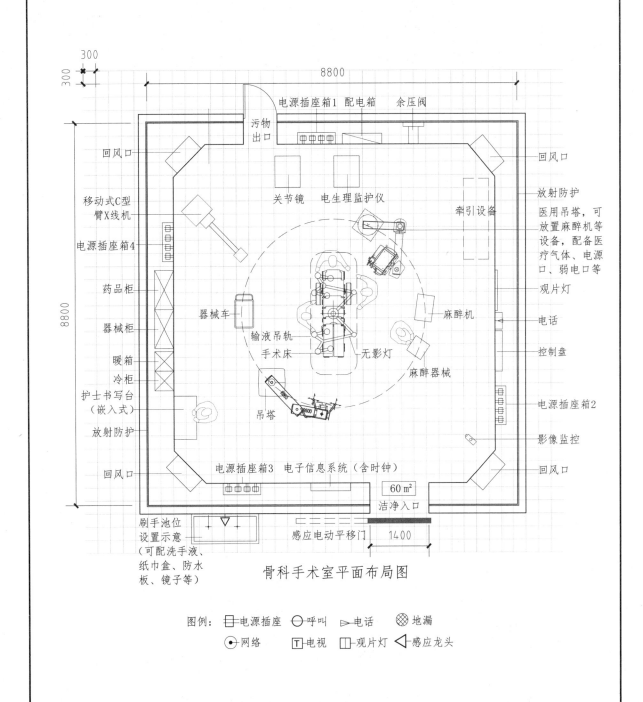

骨科手术室平面布局图

图例：⊟电源插座 ○呼叫 ▷电话 ⊗地漏
　　　　⊙网络 T电视 □观片灯 ◁感应龙头

空间类别	治疗处置	房间编码
	装备及环境	
房间名称	骨科手术室	R2220201

建筑要求	规格	
净尺寸	开间×进深:8800×8800	
	面积:60 m², 高度:不小于2.8 m	
装修	墙地面应采用表面光洁、耐磨、耐腐蚀、不产尘的材料	
	表面应采用易清洁消毒、不吸湿、不易长霉的材料	
门窗	可选用电磁感应门	
安全私密	严格控制室内的洁净度,满足感染控制要求	

装备清单		数量	规格	备注
家具	器械柜	1	900×450×1850	嵌入式,尺度据产品型号
	药品柜	1	900×450×1850	嵌入式,尺度据产品型号
	书写台	1	1400×600	嵌入式,尺度据产品型号
	器械车	2	1550×500×960	尺度据产品型号
	刷手池	1	2150×600×1100	防水板、纸巾盒、洗手液、镜子(可选)
设备	手术台	1	2000×520×800	质量160 kg,最大承重350 kg,功率150 W
	无影灯	1	灯头直径720	质量38 kg,功率180 W(参考)
	观片灯	1	2025×506×110	嵌入式多联,可分控,尺度据产品型号
	监护仪	1	450×600	尺度据产品型号
	麻醉设备	1	450×600	尺度据产品型号
	吊塔	2	—	承重120～200 kg(参考)
	关节镜	1	600×600	尺度据产品型号
	牵引设备	1	—	尺度据产品型号
	移动X线机	1	1900×1380×1300	移动C型臂X线机,电流15 A,质量329 kg

机电要求		数量	规格	备注
医疗气体	氧气(O)	2	—	
	负压(V)	2	—	
	正压(A)	2	—	
弱电	网络接口	4	RJ45	
	电话接口	1	RJ11	或综合布线
	电视接口	—	—	
	呼叫接口	—	—	
强电	照明	—	照度:750 lx,色温:3300～5300 K,显色指数:不低于90	
	电插座	25	220 V,50 Hz	五孔
	接地	1	小于1Ω	
给排水	上下水	1	—	刷手池
	地漏	—	—	
暖通	湿度/%		30～60	
	温度/℃		21～25	
	净化		洁净度I级	设置净化空调系统

26. 眼科激光手术室

空间类别	治疗处置	房间编码
	空间及行为	
房间名称	眼科激光手术室	R2220401

说 明： 眼科激光手术室是用于眼科"准分子激光手术"使用的功能用房。主要手术设备包括眼科激光设备、手术显微镜等。面积不小于30 m²。

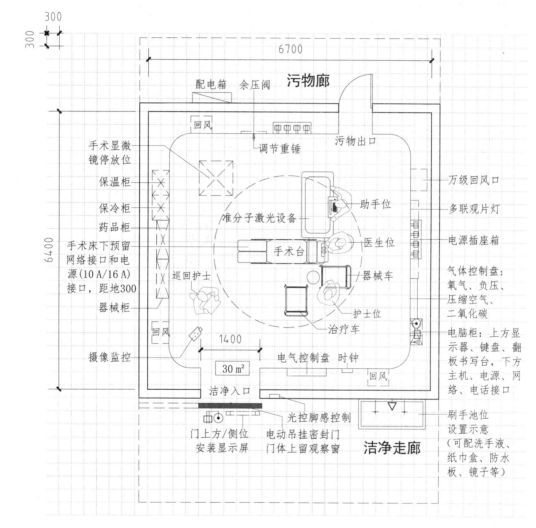

眼科激光手术室平面布局图

图例：⊟电源插座　○呼叫　▷电话　⊗地漏
　　　⊙网络　T电视　▭观片灯　◁感应龙头

空间类别	治疗处置 空间及行为	房间编码
房间名称	眼科激光手术室	R2220401

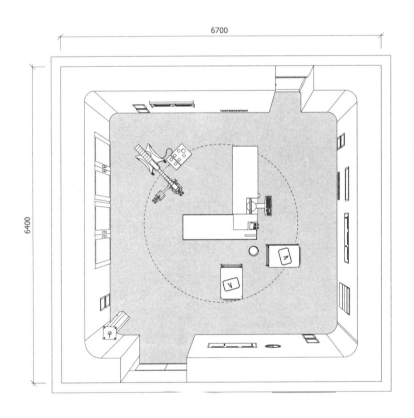

眼科激光手术室三维示意图

空间类别	治疗处置	房间编码
	装备及环境	
房间名称	眼科激光手术室	R2220401

建筑要求	规格
净尺寸	开间×进深：6700×6400
	面积：30 m²，高度：不小于2.8 m
装修	墙地面应采用表面光洁、耐磨、耐腐蚀、不产尘的材料
	—
门窗	可选用感应门
安全私密	严格控制室内的洁净，满足感染控制要求

装备清单		数量	规格	备注
家具	器械柜	1	900×450	嵌入式，尺度据产品型号
	药品柜	1	900×450	嵌入式，尺度据产品型号
	治疗车	1	600×475×960	尺度据产品型号
	器械车	1	600×475×960	尺度据产品型号
设备	手术台	1	2000×520×800	承重200 kg，功率1.5 kW（参考）
	无影灯	1	灯头直径720	质量38 kg，功率180 W（参考）
	观片灯	1	2025×506×110	嵌入式多联，可分控
	监护仪	1	450×600	尺度据产品型号
	麻醉设备	1	450×600	尺度据产品型号
	准分子设备	1	—	尺度据产品型号

机电要求		数量	规格	备注
医疗气体	氧气(O)	2	—	
	负压(V)	~2	—	
	正压(A)	2	—	
弱电	网络接口	4	RJ45	
	电话接口	1	RJ11	或综合布线
	电视接口	—	—	
	呼叫接口	—	—	
强电	照明	—	照度：750 lx，色温：3300～5300 K，显色指数：不低于90	
	电插座	20	220 V，50 Hz	五孔
	接地	2	小于1Ω	
给排水	上下水	—	—	
	地漏	—	—	
暖通	湿度/%		30～60	
	温度/℃		21～25	
	净化		I级	

27. 生殖取卵室

空间类别	治疗处置	房间编码
	空间及行为	
房间名称	生殖取卵室	R2220602

说　明： 生殖取卵室适用于生殖医学中心，用于通过超声设备引导通过阴道镜取卵操作。患者在护士引导或帮助下进入取卵室，卧于妇科诊察床上（体位：膀胱截石位），医生在护士协助下对患者进行观察、取样等处置。如有预防感染需要，可设置负压转换装置、设置前室。房间与胚胎实验室相邻，设置互锁传递窗。

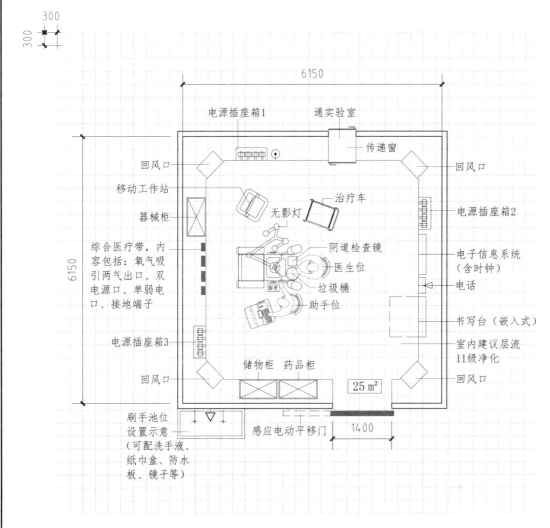

生殖取卵室平面布局图

图例：⊞电源插座　◠呼叫　▷电话　⊗地漏
　　　⊙网络　T电视　▢观片灯　◁感应龙头

空间类别	治疗处置 空间及行为	房间编码
房间名称	生殖取卵室	R2220602

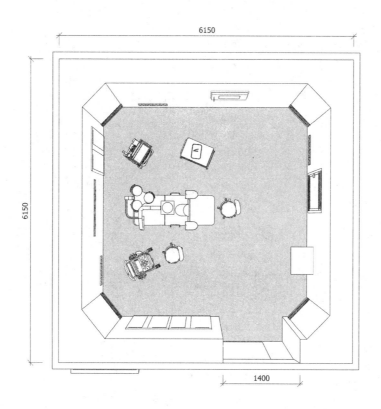

生殖取卵室三维示意图

空间类别	治疗处置	房间编码
	装备及环境	
房间名称	生殖取卵室	R2220602

建筑要求	规格
净尺寸	开间×进深:6150×6150 面积:25 m²，高度:不小于2.8 m
装修	墙地面材料应便于清扫，不污染环境 —
门窗	可选用感应门
安全私密	严格控制室内的洁净，满足感染控制要求

装备清单		数量	规格	备注
家具	圆凳	2	直径380	可升降、带靠背
	脚凳	1	200	高度
	刷手池	1	2150×600×1100	防水板、纸巾盒、洗手液、镜子（可选）
	垃圾桶	1	300	直径
	治疗车	1	600×475×960	尺度据产品型号
	储物柜	1	900×450	尺度据产品型号
	药品柜	1	900×450	尺度据产品型号
	器械柜	1	900×450	尺度据产品型号
	书写台	1	1400×600	嵌入式，尺度据产品型号
设备	移动工作站	1	600×600	包括显示器、主机、打印机
	妇科检查床	1	580×1400×600	宜安装一次性床垫卷筒纸
	超声设备	1	500×600	尺度据产品型号
	无影灯	1	灯头直径720	质量38 kg，功率180 W（参考）
	互锁传递窗	1	785×600×690	可选蜂鸣器、对讲机

机电要求		数量	规格	备注
医疗气体	氧气(O)	1	—	
	负压(V)	1	—	
	正压(A)	1	—	
弱电	网络接口	2	RJ45	
	电话接口	1	RJ11	或综合布线
	电视接口	1	同轴电缆	或综合布线
	呼叫接口	—		
强电	照明	—	照度:750 lx，色温:3300～5300 K，显色指数:不低于90	
		—	手术时照度标准值750 lx，可分级控制	
	电插座	15	220 V，50 Hz	五孔
	接地	1	小于1Ω	
给排水	上下水	1	安装混水器	洗手盆
	地漏	—	—	
暖通	湿度/%		30～60	
	温度/℃		21～25	
	净化		洁净度II级	设置净化空调系统

28. 碎石室

空间类别	医疗设备	房间编码
	空间及行为	
房间名称	碎石室	R3210201

说 明: 碎石室是利用体外冲击波碎石的原理进行碎石治疗，需辅助配置定位系统，定位系统包括X线或超声，一些情况下需要两者结合进行定位。房间需要采取放射防护措施，空间尺度与具体设备品牌及型号有关。

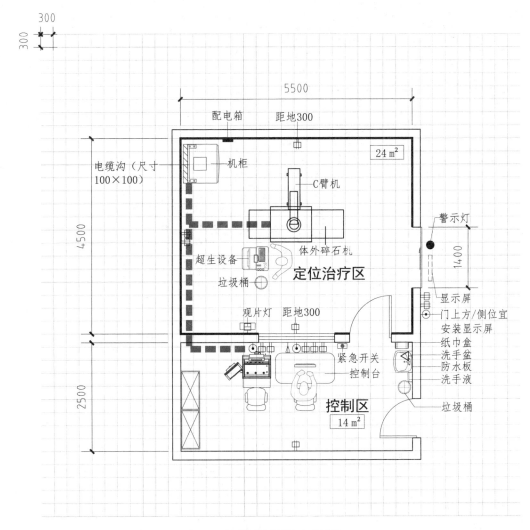

碎石室平面布局图

图例：⊟电源插座 ○呼叫 ▷电话 ⊗地漏

⊙网络 T电视 □观片灯 ◁感应龙头

空间类别	医疗设备 空间及行为	房间编码
房间名称	碎石室	R3210201

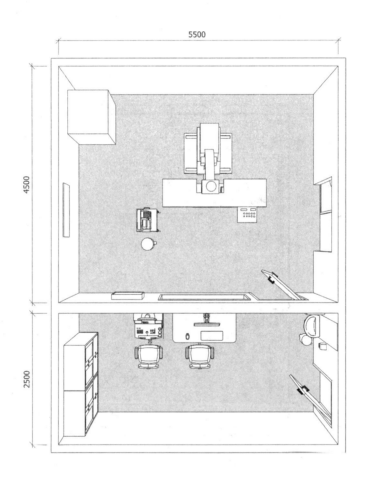

碎石室三维示意图

空间类别	医疗设备 装备及环境		房间编码	
房间名称	碎石室		R3210201	

建筑要求		规格
净尺寸		开间×进深:5500×4500（碎石室）
		面积:24 m²（碎石室），高度:不小于2.6 m
装修		墙地面材料应便于清扫，屋顶应做活动吊顶
		以装修的方式创造轻松舒适的氛围
门窗		门及观察窗应为铅防护，观察窗尺度应据设备要求设定
安全私密		房间整体进行放射防护，满足相关环评要求

装备清单		数量	规格	备注
家具	操作台	1	1400×700	宜圆角
	工作台	1	1400×700	尺度据产品型号
	座椅	2	526×526	带靠背、可升降、可移动
	洗手盆	1	500×450×800	防水板、纸巾盒、洗手液、镜子（可选）
	垃圾桶	1	300	尺度据产品型号
设备	显示屏	1	—	尺度据产品型号
	警示灯	1	—	检查期间警示灯处于开启状态
	体外碎石机	1	1500×1100	功率2 kW（参考）
	超声	1	800×1200×1500	尺度据产品型号
	机柜	1	800×2000×2000	尺度据产品型号
	观片灯	1	402×506×110	（单联）医用观片灯

机电要求		数量	规格	备注
医疗气体	氧气(O)	—	—	
	负压(V)	—	—	
	正压(A)	—	—	
弱电	网络接口	3	RJ45	
	电话接口	1	RJ11	或综合布线
	电视接口	—	—	
	呼叫接口	—	—	
强电	照明	—	照度:300 lx，色温:3300～5300 K，显色指数:不低于80	
	电插座	14	220 V，50 Hz	五孔
	接地	—	—	
给排水	上下水	1	安装混水器	洗手盆
	地漏	—	—	
暖通	湿度/%		30～65	
	温度/℃		22～26	
	净化		—	采用一定消毒方式

29. 运动平板室

空间类别	医疗设备	房间编码
	空间及行为	
房间名称	运动平板室	R3210402

说　明：　运动平板室是进行心电图运动试验的房间，通过运动给心脏以负荷，辅助临床对心肌缺血作出诊断。该诊断有一定风险，需就近配备抢救设备。根据医疗行为特点，分为运动/检查区、分析区及休息区。

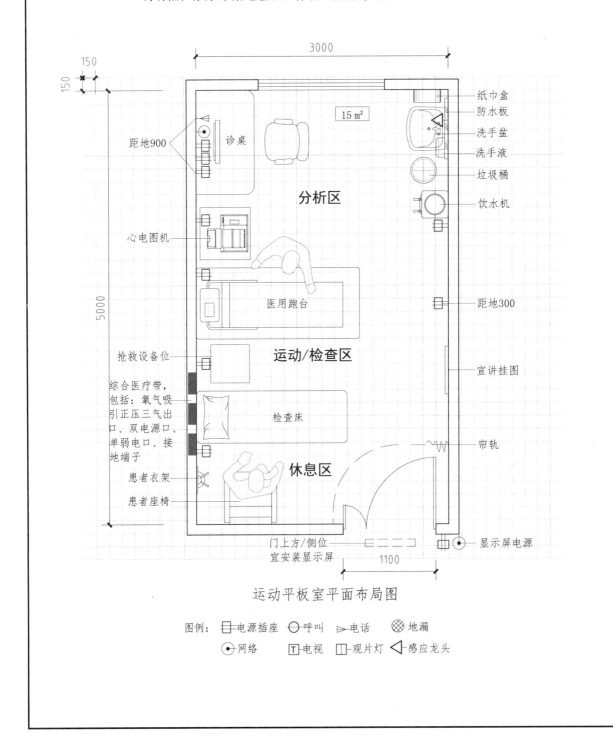

运动平板室平面布局图

图例：⊟电源插座　◡呼叫　▷电话　⊗地漏
　　　⊙网络　Ｔ电视　□观片灯　◁感应龙头

空间类别	医疗设备 空间及行为	房间编码
房间名称	运动平板室	R3210402

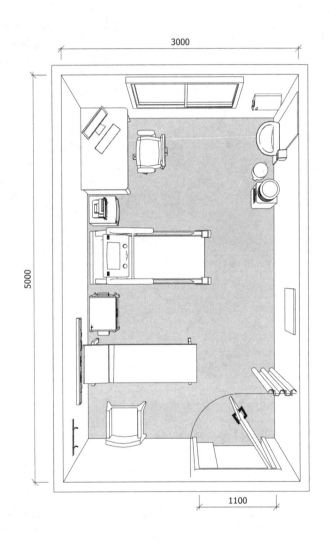

运动平板室三维示意图

空间类别	医疗设备	房间编码
	装备及环境	
房间名称	运动平板室	R3210402

建筑要求		规格
净尺寸		开间×进深:3000×5000
		面积:15 m², 高度:不小于2.6 m
装修		墙地面材料应便于清扫、擦洗，不污染环境
		屋顶应采用吸音材料
门窗		门应设置非通视采光窗，U形门把手。窗户设置应保证自然采光和通风的需要
安全私密		需设置隔帘保护患者隐私，房间如果为落地窗，应设置安全栏杆保护医患安全

装备清单		数量	规格	备注
家具	诊桌	1	1400×700	宜圆角
	座椅	1	526×526	带靠背、可升降、可移动
	洗手盆	1	500×450×800	防水板、纸巾盒、洗手液、镜子（可选）
	垃圾桶	1	300	直径
	衣架	1	—	尺度据产品型号
	患者椅	1	526×526	硬质靠背椅
	检查床	1	1850×700	尺度据产品型号
	饮水机	1	296×320×841	功率0.3 kW，质量5.1 kg（参考）
设备	工作站	1	—	包括显示器、主机、打印机
	医用跑台	1	1640×680×1300	功率950 W，质量65 kg（参考）
	心电图机	1	300×230×61	功率0.03 kW，质量4.5 kg（参考）
	显示屏	1	—	尺度据产品型号

机电要求		数量	规格	备注
医疗气体	氧气(O)	1	—	
	负压(V)	1	—	
	正压(A)	1	—	
弱电	网络接口	2	RJ45	
	电话接口	1	RJ11	或综合布线
	电视接口	—	—	
	呼叫接口	—	—	
强电	照明	—	照度:300 lx，色温:3300～5300 K，显色指数:不低于80	
	电插座	11	220 V，50 Hz	五孔
	接地	1	小于1Ω	
给排水	上下水	1	安装混水器	洗手盆
	地漏	—		
暖通	湿度/%		30～60	
	温度/℃		18～26	宜优先采用自然通风
	净化		—	

30. 胃肠动力检测室

空间类别	医疗设备	房间编码
	空间及行为	
房间名称	胃肠动力检测室	R3210805

说　明： 胃肠动力检测室是进行胃肠部肌肉收缩蠕动力检测的房间，包括胃肠部肌肉收缩的力量和频率。通常采用食管测压检查，根据医疗行为特点，分为检查区、分析区及休息区，并在休息区设置患者洗手设施。

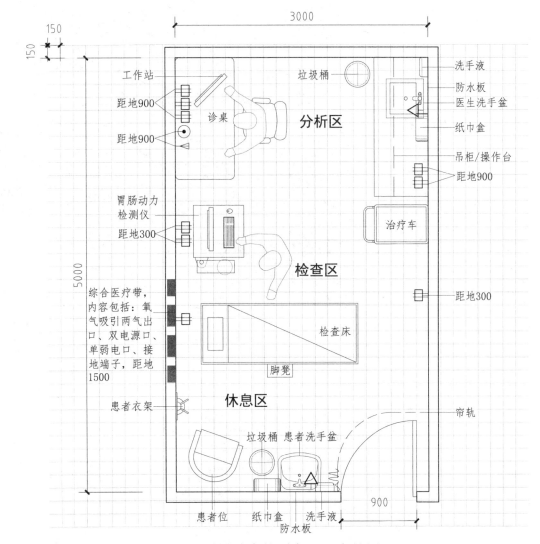

胃肠动力检测室平面布局图

图例： ⊟电源插座　◯呼叫　▷电话　⊗地漏
　　　　⦿网络　丁电视　⊞观片灯　◁感应龙头

空间类别	医疗设备 空间及行为	房间编码
房间名称	胃肠动力检测室	R3210805

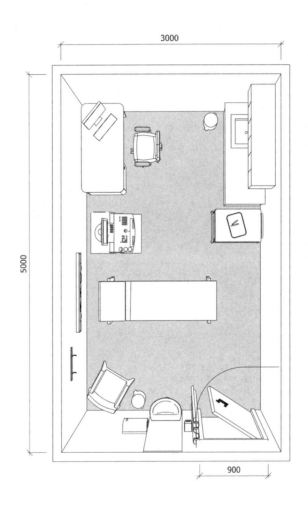

胃肠动力检测室三维示意图

空间类别	医疗设备 装备及环境		房间编码	
房间名称	胃肠动力检测室		R3210805	

建筑要求	规格
净尺寸	开间×进深:3000×5000 面积:15 m²,高度:不小于2.6 m
装修	墙地面材料应便于清扫、冲洗,不污染环境 —
门窗	门宜设置非通视采光窗,U形门把手
安全私密	需设隔帘满足患者隐私要求

装备清单		数量	规格	备注
家具	诊桌	1	1400×700	宜圆角
	洗手盆	2	500×450×800	防水板、纸巾盒、洗手液、镜子(可选)
	治疗车	1	600×475×960	尺度据产品型号
	医生椅	1	526×526	带靠背、可升降、可移动
	衣架	1	—	尺度据产品型号
	检查床	1	1850×700	尺度据产品型号
	患者椅	1	526×526	带靠背、可移动
	垃圾桶	1	300	直径
设备	工作站	1	—	包括显示器、主机、打印机
	胃肠检测仪	1	600×600	尺度据产品型号
	治疗带	1	—	尺度据产品型号

机电要求		数量	规格	备注
医疗 气体	氧气(O)	1	—	
	负压(V)	1	—	
	正压(A)	—	—	
弱电	网络接口	2	RJ45	
	电话接口	1	RJ11	或综合布线
	电视接口	—	—	
	呼叫接口	—	—	
强电	照明	—	照度:300 lx,色温:3300～5300 K,显色指数:不低于80	
	电插座	13	220 V,50 Hz	五孔
	接地	1	小于1Ω	
给排水	上下水	2	安装混水器	洗手盆
	地漏	—		
暖通	湿度/%		30～60	
	温度/℃		18～26	宜优先采用自然通风
	净化		—	采用一定消毒方式

31. 睡眠监测室

空间类别	医疗设备	房间编码
	空间及行为	
房间名称	睡眠监测室	R3210901

说 明： 睡眠监测室主要用于对睡眠呼吸暂停综合征患者的监测和诊断。在病人睡眠状态下监测脑电图、心电图、肌动图、眼动图、呼吸气流、鼾声、肢体运动、血氧饱和度等参数，作为医疗诊断的参考依据。根据医疗行为特点，分为检测区、陪护区、卫生间及监护区。

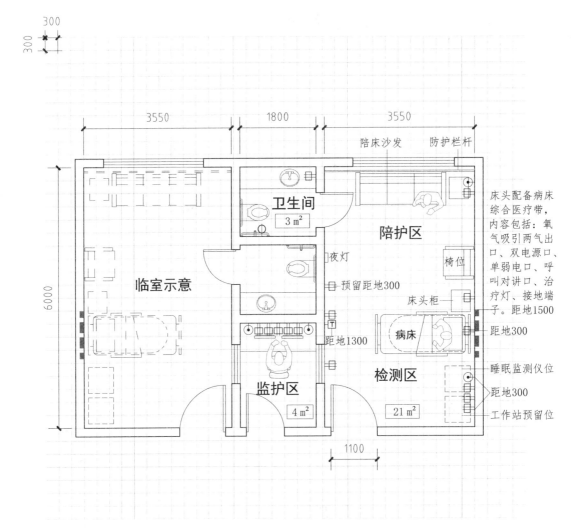

睡眠监测室平面布局图

图例： 电源插座 呼叫 电话 地漏
网络 T电视 观片灯 感应龙头

空间类别	医疗设备 空间及行为	房间编码
房间名称	睡眠监测室	R3210901

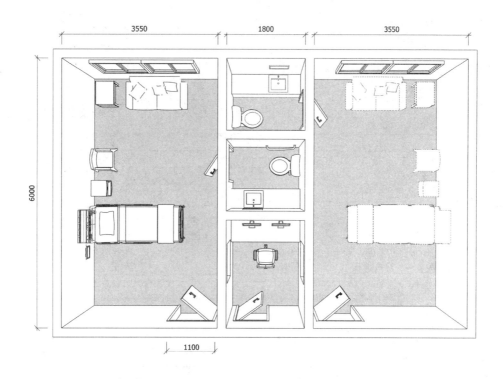

睡眠监测室三维示意图

空间类别	医疗设备 装备及环境	房间编码	
房间名称	睡眠监测室	R3210901	

建筑要求		规格
净尺寸		开间×进深:5550×6000
		面积:28 m², 高度:不小于2.8 m
装修		墙地面材料应便于清扫,不污染环境
门窗		门应设置观察窗,U形门把手。外窗设置应保证自然采光和通风的需要
安全私密		房间如果为落地窗,应设置安全栏杆保护医患安全

装备清单		数量	规格	备注
家具	床头柜	1	450×600	宜圆角
	输液吊轨	1	—	尺度据床位
	陪床椅	1	600×1800	尺度据产品型号
	帘轨	1	—	U形
	坐便器	1	400×480×730	尺度据产品型号
	洗手盆	1	500×450×800	防水板、纸巾盒、洗手液、镜子(可选)
	沙发	1	—	尺度据产品型号
设备	电视	1	—	尺度据产品型号
	病床	1	900×2100	升降电动
	医疗带	1	—	尺度据产品型号
	睡眠监测仪	1	—	尺度据产品型号

机电要求		数量	规格	备注
医疗气体	氧气(O)	1	—	
	负压(V)	1	—	
	正压(A)	—	—	
弱电	网络接口	5	RJ45	
	电话接口	—	—	
	电视接口	1	同轴电缆	或综合布线
	呼叫接口	2	据呼叫系统型号	
强电	照明	—	照度:100 lx, 色温:3300~5300 K, 显色指数:不低于80	
		—	夜间床头部位照度不宜大于0.1 lx	
	电插座	17	220 V, 50 Hz	五孔
	接地	2	小于1Ω	设在卫生间、医疗带
给排水	上下水	2	—	淋浴热水
	地漏	—	—	
暖通	湿度/%		30~60	
	温度/℃		20~27	宜优先采用自然通风
	净化		—	

32. 动脉硬化检查室

空间类别	医疗设备	房间编码
	空间及行为	
房间名称	动脉硬化检查室	R3211201

说　明：　动脉硬化检查室用于血管健康咨询管理的功能房间，配备动脉硬化检测仪。根据医疗行为特点，分为检查区及分析区，房间面积建议不小于11 m²。

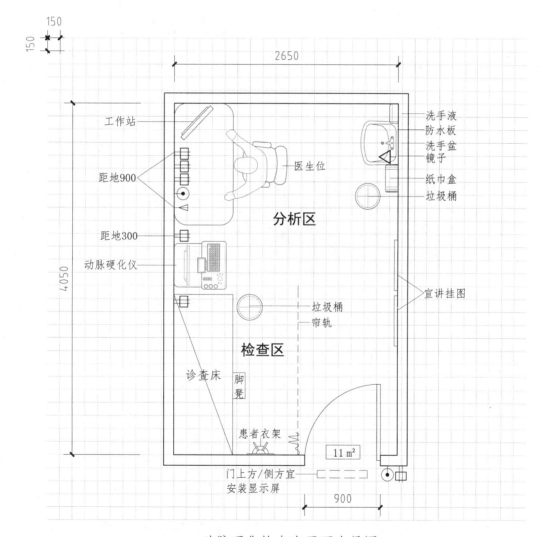

动脉硬化检查室平面布局图

图例：　⊟电源插座　○呼叫　▷电话　⊗地漏
　　　　⊙网络　　T电视　　□观片灯　◁感应龙头

空间类别	医疗设备	房间编码
	空间及行为	
房间名称	动脉硬化检查室	R3211201

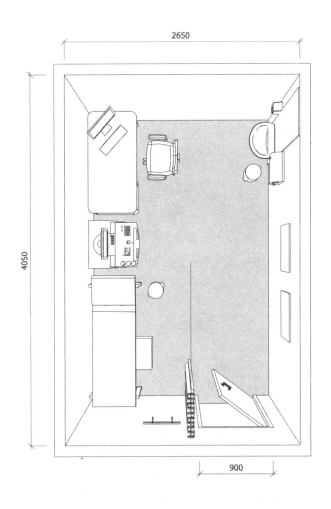

动脉硬化检查室三维示意图

空间类别	医疗设备 装备及环境	房间编码
房间名称	动脉硬化检查室	R3211201

建筑要求	规格	
净尺寸	开间×进深:2650×4050	
	面积:11 m², 高度:不小于2.6 m	
装修	墙地面材料应便于清扫、擦洗,不污染环境	
	屋顶应采用吸音材料	
门窗	门宜设置观察窗,U形门把手	
安全私密	需设置隔帘保护患者隐私	

装备清单		数量	规格	备注
家具	诊桌	1	700×1400	宜圆角
	诊床	1	1850×700	宜安装一次性床垫卷筒纸
	脚凳	1	200	高度
	垃圾桶	1	300	直径
	座椅	1	526×526	带靠背、可升降、可移动
	衣架	1	—	尺度据产品型号
	帘轨	1	1800	直线形
	洗手盆	1	500×450×800	防水板、纸巾盒、洗手液、镜子(可选)
设备	工作站	1	—	包括显示器、主机、打印机
	显示屏	1	—	尺度据产品型号
	动脉硬化仪	1	500×500	功率150 W

机电要求		数量	规格	备注
医疗气体	氧气(O)	—	—	
	负压(V)	—	—	
	正压(A)	—	—	
弱电	网络接口	2	RJ45	包括显示屏接口
	电话接口	1	RJ11	或综合布线
	电视接口	—	—	
	呼叫接口	—	—	
强电	照明	—	照度:300 lx, 色温:3300~5300 K, 显色指数:不低于80	
	电插座	7	220 V, 50 Hz	五孔
	接地	—		
给排水	上下水	1	安装混水器	洗手盆
	地漏	—		
暖通	湿度/%		30~60	
	温度/℃		18~26	
	净化	—		

33. 亚健康检查室

空间类别	医疗设备	房间编码
	空间及行为	
房间名称	亚健康检查室	R3211203

说 明： 亚健康检查室通常用于体检区，用专用仪器测定免疫抗病能力、血液的物理性能和心理状态等。房间通常无特殊需求，建议房间面积不小于8 m²。

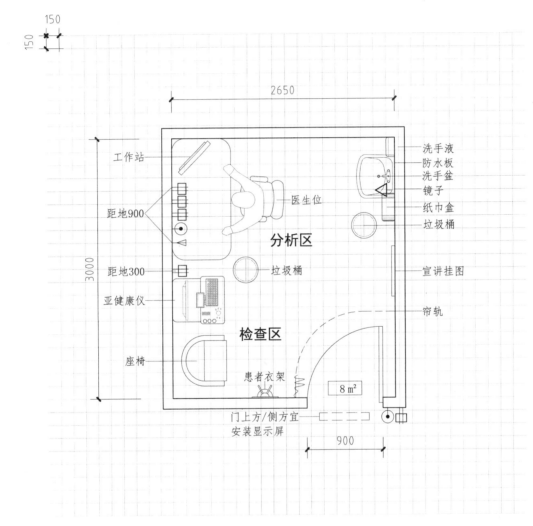

亚健康检查室平面布局图

图例： ▭电源插座　○呼叫　▷电话　⊗地漏
　　　⊙网络　Ｔ电视　▢观片灯　◁感应龙头

空间类别	医疗设备 空间及行为	房间编码
房间名称	亚健康检查室	R3211203

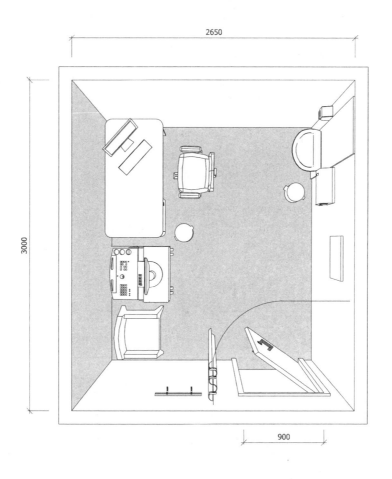

亚健康检查室三维示意图

空间类别	医疗设备	房间编码
	装备及环境	
房间名称	亚健康检查室	R3211203

建筑要求	规格
净尺寸	开间×进深:2650×3000 面积:8 m²,高度:不小于2.6 m
装修	墙地面材料应便于清扫、擦洗,不污染环境 屋顶应采用吸音材料
门窗	门宜设置非通视采光窗,U形门把手
安全私密	需设置隔帘保护患者隐私

装备清单		数量	规格	备注
家具	诊桌	1	700×1400	宜圆角
	座椅	1	526×526	带靠背、可升降、可移动
	衣架	1	—	尺度据产品型号
	帘轨	1	—	L形
	患者座椅	1	526×526	带靠背
	洗手盆	1	500×450×800	防水板、纸巾盒、洗手液、镜子(可选)
	垃圾桶	2	300	尺度据产品型号
设备	工作站	1	—	包括显示器、主机、打印机
	显示屏	1	—	尺度据产品型号
	亚健康仪	1	500×500	功率150 W(参考)

机电要求		数量	规格	备注
医疗气体	氧气(O)	—	—	
	负压(V)	—	—	
	正压(A)	—	—	
弱电	网络接口	2	RJ45	包括显示屏接口
	电话接口	1	RJ11	或综合布线
	电视接口	—	—	
	呼叫接口	—	—	
强电	照明	—	照度:300 lx,色温:3300～5300 K,显色指数:不低于80	
	电插座	6	220 V,50 Hz	五孔
	接地	—	—	
给排水	上下水	1	安装混水器	洗手盆
	地漏	—	—	
暖通	湿度/%	30～60		
	温度/℃	18～26		宜优先采用自然通风
	净化	—		

34. 过敏原检测治疗室

空间类别	医疗设备	房间编码
	空间及行为	
房间名称	过敏原检测治疗室	R3211401

说　明：　过敏原检测治疗室用于临床皮肤病接触过敏原检测，包括：接触性、食入性和吸入性过敏原。根据医疗行为特点，分为检查区、分析区和储存区。

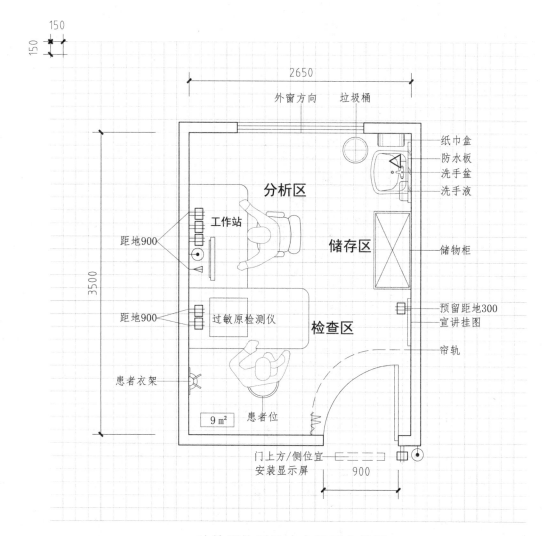

过敏原检测治疗室平面布局图

图例：⊟电源插座　◯呼叫　▷电话　⊗地漏

　　　⊙网络　Ｔ电视　▢观片灯　◁感应龙头

空间类别	医疗设备	房间编码
	空间及行为	
房间名称	过敏原检测治疗室	R3211401

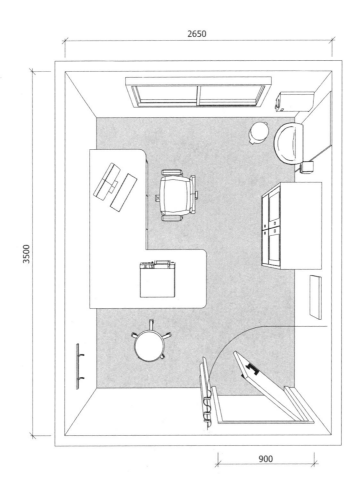

过敏原检测治疗室三维示意图

空间类别	医疗设备装备及环境		房间编码	
房间名称	过敏原检测治疗室		R3211401	

建筑要求	规格			
净尺寸	开间×进深：2650×3500 面积：9 m²，高度：不小于2.6 m			
装修	墙地面材料应便于清扫、擦洗，不污染环境 —			
门窗	门宜设置非通视采光窗，U形门把手。外窗设置应保证自然采光和通风的需要			
安全私密	需设置隔帘保护患者隐私，房间如果为落地窗，应设置安全栏杆保护医患安全			

装备清单		数量	规格	备注
家具	诊桌	1	1400×700	L形桌，宜圆角
	诊椅	1	526×526	带靠背、可升降、可移动
	洗手盆	1	500×450×800	防水板、纸巾盒、洗手液、镜子（可选）
	垃圾桶	1	300	直径
	储物柜	1	450×900×2000	尺度据产品型号
	衣架	1	—	尺度据产品型号
	圆凳	1	380	直径
设备	工作站	1	—	包括显示器、主机、打印机
	过敏原检测仪	1	500×400	储存36类，共计1000多种常见过敏原
	显示屏	1	—	尺度据产品型号

机电要求		数量	规格	备注
医疗气体	氧气(O)	—	—	
	负压(V)	—	—	
	正压(A)	—	—	
弱电	网络接口	2	RJ45	
	电话接口	1	RJ11	或综合布线
	电视接口	—	—	
	呼叫接口	—	—	
强电	照明	—	照度：300 lx，色温：3300～5300 K，显色指数：不低于80	
	电插座	8	220 V，50 Hz	五孔
	接地	—	—	
给排水	上下水	1	安装混水器	洗手盆
	地漏			
暖通	湿度/%		30～60	
	温度/℃		18～26	宜优先采用自然通风
	净化		—	

35. 热成像检查室

空间类别	医疗设备	房间编码
	空间及行为	
房间名称	热成像检查室	R3211501

说 明： 热成像检查室通常用于健康体检区，根据设备检查数据与疾病的对应关系，对人
体健康状况作出综合评价，为肿瘤早期预警及周围神经疾病的早期提示提供依据。
根据医疗行为特点，分为检查区、更衣区和控制/报告区。

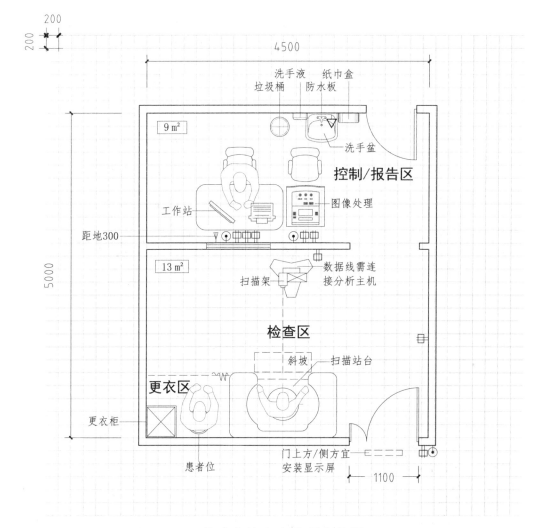

热 成 像 检 查 室 平 面 布 局 图

图例： ▢电源插座 ◯呼叫 ▷电话 ⊗地漏
      ◉网络 Ｔ电视 ▯观片灯 ◁感应龙头

空间类别	医疗设备 空间及行为	房间编码
房间名称	热成像检查室	R3211501

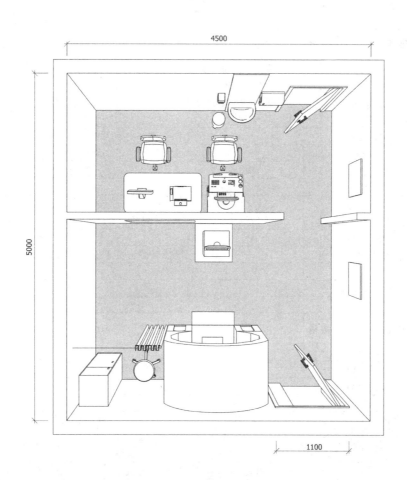

热成像检查室三维示意图

空间类别	医疗设备	房间编码
	装备及环境	
房间名称	热成像检查室	R3211501

建筑要求	规格
净尺寸	开间×进深:4500×5000 面积:22 m²,高度:不小于2.6 m
装修	墙地面材料应便于清扫、擦洗,不污染环境 屋顶应采用吸音材料
门窗	患者门宽应满足一定通过要求
安全私密	需设置隔帘保护患者隐私

装备清单		数量	规格	备注
家具	诊桌	1	700×1400	宜圆角
	座椅	2	526×526	带靠背、可升降、可移动
	洗手盆	1	500×450×800	防水板、纸巾盒、洗手液、镜子(可选)
	垃圾桶	1	300	直径
	衣柜	1	—	尺度据产品型号
	帘轨	1	—	直线形
	患者椅	1	380	直径
设备	工作站	1	—	包括显示器、主机、打印机
	显示屏	1	—	尺度据产品型号
	热成像仪	1	—	扫描站台、扫描架,摄像头、主机分离

机电要求		数量	规格	备注
医疗气体	氧气(O)	—	—	
	负压(V)	—	—	
	正压(A)	—	—	
弱电	网络接口	3	RJ45	
	电话接口	1	RJ11	或综合布线
	电视接口	—	—	
	呼叫接口	—	—	
强电	照明	—	照度:300 lx,色温:3300~5300 K,显色指数:不低于80	
	电插座	9	220 V,50 Hz	五孔
	接地	—	—	
给排水	上下水	1	安装混水器	洗手盆
	地漏	—		
暖通	湿度/%		30~65	
	温度/℃		22~26	宜优先采用自然通风
	净化		—	

36. 红外乳透室

空间类别	医疗设备	房间编码
	空间及行为	
房间名称	红外乳透室	R3211502

说　明：　红外乳透室通常用于妇科检查，通过专用仪器鉴定出良恶性肿瘤、增生和囊肿等不同的乳腺病。设备应用需暗室环境，且应注意患者隐私保护。根据医疗行为特点，分为检查区和分析/报告区。

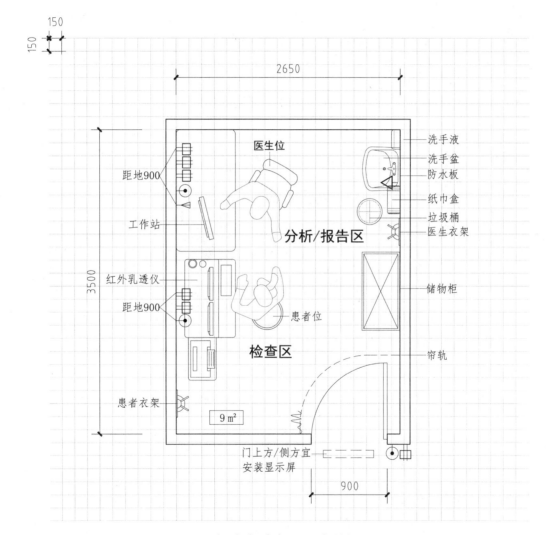

红外乳透室平面布局图

图例：⊟电源插座 ◠呼叫 ▷电话 ⊗地漏
　　　◉网络 T电视 ⊡观片灯 ◁感应龙头

空间类别	医疗设备	房间编码
	空间及行为	
房间名称	红外乳透室	R3211502

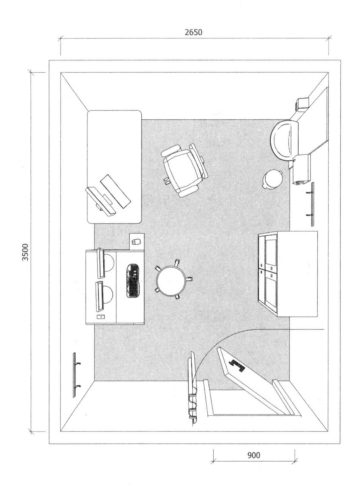

红外乳透室三维示意图

空间类别	医疗设备	房间编码
	装备及环境	
房间名称	红外乳透室	R3211502

建筑要求	规格
净尺寸	开间×进深:2650×3500
	面积:9 m²,高度:不小于2.6 m
装修	墙地面材料应便于清扫,不污染环境
	屋顶应采用吸音材料
门窗	门宜设置非通视采光窗,U形门把手
安全私密	需设置隔帘保护患者隐私

装备清单		数量	规格	备注
家具	诊桌	1	1400×700	宜圆角
	诊椅	1	526×526	带靠背、可升降、可移动
	洗手盆	1	500×450×800	防水板、纸巾盒、洗手液、镜子（可选）
	垃圾桶	1	300	直径
	衣架	2	—	尺度据产品型号
	帘轨	1	2000	L形
	储物柜	1	900×450×1850	尺度据产品型号
	圆凳	1	380	直径,可升降
设备	工作站	1	—	包括显示器、主机、打印机
	显示屏	1	—	尺度据产品型号
	红外乳透仪	1	630×545×930	功率0.06 kW（参考）

机电要求		数量	规格	备注
医疗气体	氧气(O)	—	—	
	负压(V)	—	—	
	正压(A)	—	—	
弱电	网络接口	3	RJ45	包括显示屏接口
	电话接口	1	RJ11	或综合布线
	电视接口	—	—	
	呼叫接口	—	—	
强电	照明	—	照度:300 lx,色温:3300～5300 K,显色指数:不低于80	
	电插座	7	220 V,50 Hz	五孔
	接地	—	—	
给排水	上下水	1	安装混水器	洗手盆
	地漏	—		
暖通	湿度/%	30～65		
	温度/℃	22～26		宜优先采用自然通风
	净化	—		

37. 尿动力检查室

空间类别	医疗设备	房间编码
	空间及行为	
房间名称	尿动力检查室	R3212101

说　明：尿动力检查室是根据流体力学原理，采用电生理学方法及传感器技术，来研究贮尿和排尿的生理过程及其功能障碍的功能用房。房间内需设置排风系统和卫生间。常规设备包括专科检查床和尿动力检查仪。根据医疗行为特点，分为诊问区和检查区。房间需注重患者隐私保护。

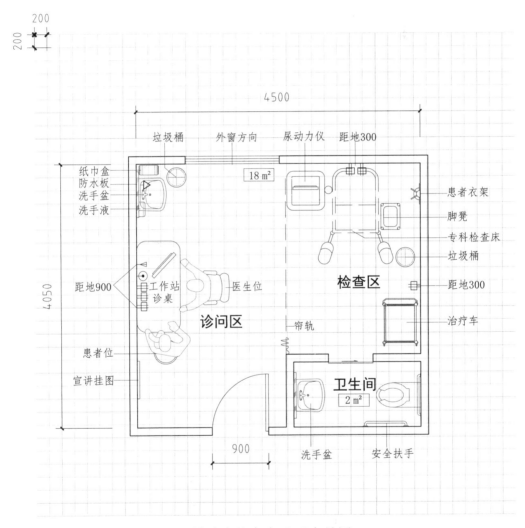

尿动力检查室平面布局图

图例：▥ 电源插座　◯ 呼叫　▷ 电话　⊗ 地漏
　　　◉ 网络　Ｔ 电视　▢ 观片灯　◁ 感应龙头

空间类别	医疗设备 空间及行为	房间编码
房间名称	尿动力检查室	R3212101

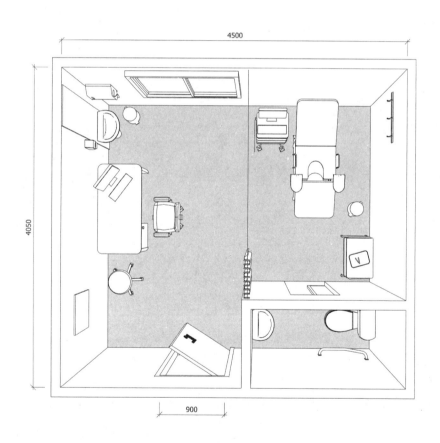

尿动力检查室三维示意图

空间类别	医疗设备装备及环境	房间编码
房间名称	尿动力检查室	R3212101

建筑要求	规格	
净尺寸	开间×进深:4500×4050 面积:18 m²,高度:不小于2.6 m	
装修	墙地面材料应便于清扫、擦洗,不污染环境. —	
门窗	门宜设置非通视采光窗,外窗设置应保证自然采光和通风的需要	
安全私密	需设置隔帘保护患者隐私,房间如果为落地窗,应设置安全栏杆保护医患安全	

装备清单		数量	规格	备注
家具	诊桌	1	1400×700	宜圆角
	诊椅	1	526×526	带靠背、可升降、可移动
	洗手盆	2	500×450×800	防水板、纸巾盒、洗手液、镜子（可选）
	垃圾桶	2	300	直径
	脚凳	1	200	高度
	圆凳	1	380	直径,可升降
	衣架	1	—	尺度据产品型号
	帘轨	1	2900	直线形
设备	工作站	1	—	包括显示器、主机、打印机
	专科检查床	1	580×1400×600	宜安装一次性床垫卷筒纸
	尿动力仪	1	600×600	包含显示器、彩色打印机

机电要求		数量	规格	备注
医疗气体	氧气(O)	—	—	
	负压(V)	—	—	
	正压(A)	—	—	
弱电	网络接口	1	RJ45	
	电话接口	1	RJ11	或综合布线
	电视接口	—	—	
	呼叫接口	—	—	
强电	照明	—	照度:300 lx,色温:3300～5300 K,显色指数:不低于80	
	电插座	7	220 V,50 Hz	五孔
	接地	—	—	
给排水	上下水	3	安装混水器	洗手盆、卫生间
	地漏			
暖通	湿度/%		30～60	
	温度/℃		18～26	宜优先采用自然通风
	净化		—	需加强排风,排出房间异味

38. 肠镜检查室

空间类别	医疗设备	房间编码
	空间及行为	
房间名称	肠镜检查室	R3220301

说　明： 肠镜检查室用于病因不明的慢性消化道出血及各种小肠病的检查和诊断。根据
医疗行为分为准备区、检查区、整理区和记录区，面积不小于20 m²。

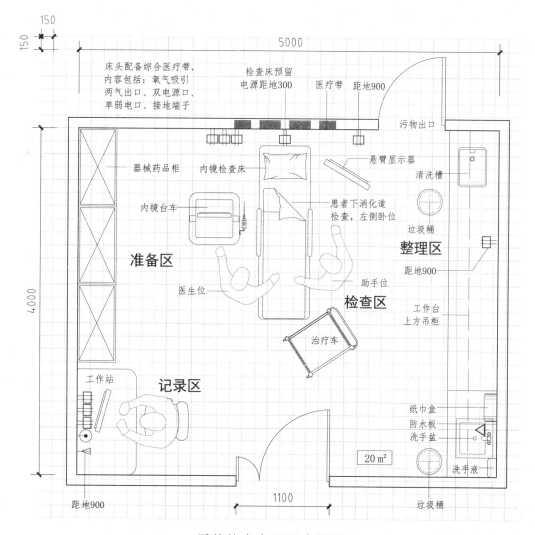

床头配备综合医疗带，
内容包括：氧气吸引
两气出口、双电源口、
单弱电口、接地端子

检查床预留
电源距地300

医疗带
距地900

污物出口

器械药品柜

内镜检查床

悬臂显示器

清洗槽

内镜台车

患者下消化道
检查，左侧卧位

垃圾桶

准备区

整理区
距地900

医生位

助手位

工作台
上方吊柜

检查区

治疗车

工作站

记录区

纸巾盒
防水板
洗手盆

20 m²

距地900

1100

垃圾桶

洗手液

肠镜检查室平面布局图

图例：⊟电源插座　○呼叫　▷电话　⊗地漏

⊙网络　T电视　□观片灯　◁感应龙头

空间类别	医疗设备 空间及行为	房间编码
房间名称	肠镜检查室	R3220301

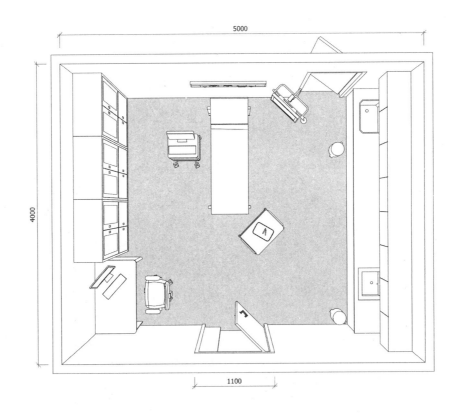

肠镜检查室三维示意图

空间类别	医疗设备	房间编码
	装备及环境	
房间名称	肠镜检查室	R3220301

建筑要求	规格	
净尺寸	开间×进深：5000×4000	
	面积：20 m²，高度：不小于2.6 m	
装修	墙地面材料应便于清扫、冲洗，不污染环境	
	屋顶应采用吸音材料	
门窗	门宜设置非通视采光窗，U形门把手	
安全私密	需设置隔帘保护患者隐私	

装备清单		数量	规格	备注
家具	检查床	1	1850×700	宜安装一次性床垫卷筒纸
	洗手盆	1	500×450×800	防水板、纸巾盒、洗手液、镜子（可选）
	垃圾桶	2	300	尺度据产品型号
	清洗槽	1	620×450×260	尺度据产品型号
	工作台	1	700×1400	尺度据产品型号
	储物柜	3	900×400×1850	尺度据产品型号
	治疗车	1	603×480×960	尺度据产品型号
	诊桌	1	1200×700	宜圆角
设备	工作站	1	—	包括显示器、主机、打印机
	小肠镜	1	台车：680×600	全长2300，头端部直径9.4
	治疗带	1	—	尺度据产品型号
	悬臂显示器	1	—	尺度据产品型号

机电要求		数量	规格	备注
医疗气体	氧气(O)	1	—	
	负压(V)	1	—	
	正压(A)	—	—	
弱电	网络接口	2	RJ45	
	电话接口	1	—	
	电视接口	—	—	
	呼叫接口	—	—	
强电	照明	—	照度：500 lx，色温：3300～5300 K，显色指数：不低于80	
	电插座	12	220 V，50 Hz	五孔
	接地	1	小于1Ω	
给排水	上下水	2	安装混水器	洗手盆
	地漏	—		
暖通	湿度/%		30～60	
	温度/℃		18～26	宜优先采用自然通风
	净化		—	采用一定消毒方式

39. 超声内镜检查室

空间类别	医疗设备	房间编码
	空间及行为	
房间名称	超声内镜检查室	R3220302

说　明：　超声内镜检查室是在内镜检查的基础上，增加超声设备辅助检查的功能房间。
超声辅助通常为外部超声定位、体内器官超声就近检查成像等方式。根据医疗
行为特点，分为记录区、准备区、检查区和整理区，面积不小于20 m²。

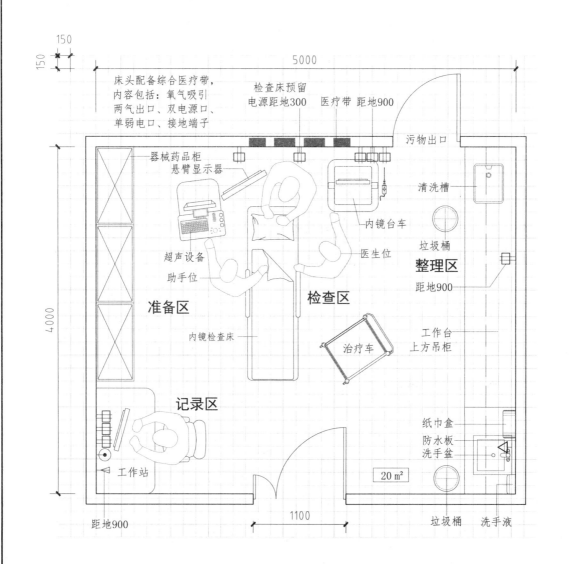

超声内镜检查室平面布局图

图例： ⊟电源插座　○呼叫　▷电话　⊗地漏
⊙网络　T电视　□观片灯　◁感应龙头

空间类别	医疗设备 空间及行为	房间编码
房间名称	超声内镜检查室	R3220302

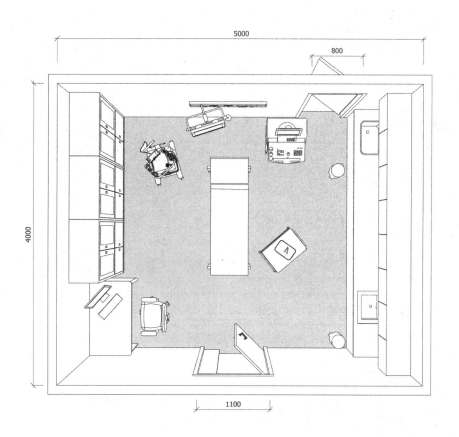

超声内镜检查室三维示意图

空间类别	医疗设备	房间编码
	装备及环境	
房间名称	超声内镜检查室	R3220302

建筑要求	规格
净尺寸	开间×进深:5000×4000
	面积:20 m²,高度:不小于2.6 m
装修	墙地面材料应便于清扫、冲洗,不污染环境
	屋顶应采用吸音材料
门窗	门宜设置非通视采光窗,U形门把手
安全私密	—

装备清单		数量	规格	备注
家具	诊桌	1	1200×700	宜圆角
	检查床	1	1850×700	宜安装一次性床垫卷筒纸
	洗手盆	1	500×450×800	防水板、纸巾盒、洗手液、镜子(可选)
	垃圾桶	2	300	尺度据产品型号
	座椅	1	526×526	带靠背、可升降、可移动
	清洗槽	1	620×450×260	尺度据产品型号
	工作台	1	—	尺度据产品型号
	治疗车	1	603×480×960	尺度据产品型号
	储物柜	3	150×900×1850	尺度据产品型号
设备	工作站	1	—	包括显示器、主机、打印机
	胃肠镜	1	台车:680×600	尺度据产品型号
	治疗带	1	—	尺度据产品型号
	超声设备	1	500×500	尺度据产品型号
	悬臂显示器	1	—	尺度据产品型号

机电要求		数量	规格	备注
医疗气体	氧气(O)	1	—	
	负压(V)	1	—	
	正压(A)	—	—	
弱电	网络接口	2	RJ45	
	电话接口	1	RJ11	或综合布线
	电视接口	—	—	
	呼叫接口	—	—	
强电	照明	—	照度:500 lx,色温:3300～5300 K,显色指数:不低于80	
	电插座	12	220 V,50 Hz	五孔
	接地	1	小于1Ω	
给排水	上下水	2	安装混水器	洗手盆
	地漏			
暖通	湿度/%	30～60		
	温度/℃	18～26		宜优先采用自然通风
	净化	—		采用一定消毒方式

40. 视野检查室

空间类别	医疗设备	房间编码
	空间及行为	
房间名称	视野检查室	R3220402

说　明： 视野检查室是眼科的配套房间，用于患者的视野检查。视野检查法分为动态检查、静态检查。主要设备为电子视野计，根据医疗行为特点，分为分析区和检查区，面积不小于8 m²。

视野检查室平面布局图

图例：⊞电源插座　○呼叫　▷电话　⊗地漏
　　　　⊙网络　T电视　▯观片灯　◁感应龙头

空间类别	医疗设备	房间编码
	空间及行为	
房间名称	视野检查室	R3220402

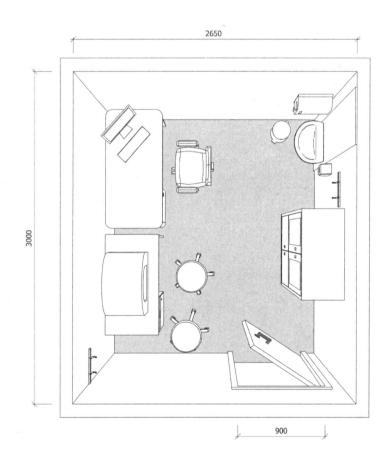

2650

3000

900

视野检查室三维示意图

空间类别	医疗设备		房间编码	
	装备及环境			
房间名称	视野检查室		R3220402	

建筑要求	规格
净尺寸	开间×进深:2650×3000
	面积:8 m²,高度:不小于2.6 m
装修	墙地面材料应便于清扫,其阴阳角宜做成圆角,踢脚板、墙裙应与墙面平齐
	屋顶应采用吸音材料,避免采用红、橙等刺激性色彩,色调宜柔和均匀
门窗	门宜设置非通视采光窗
安全私密	—

装备清单		数量	规格	备注
家具	诊桌	1	1400×700	宜圆角
	座椅	1	526×526	带靠背、可升降、可移动
	洗手盆	1	500×450×800	防水板、纸巾盒、洗手液、镜子(可选)
	垃圾桶	1	300	直径
	储物柜	1	900×450×1850	尺度据产品型号
	衣架	2	—	尺度据产品型号
	圆凳	2	380	直径
	设备桌	1	1200×600	尺度据产品型号
设备	工作站	1	—	包括显示器、主机、打印机
	显示屏	1	—	尺度据产品型号
	电子视野计	1	670×380×680	视野仪,质量16 kg(参考)

机电要求		数量	规格	备注
医疗气体	氧气(O)	—	—	
	负压(V)	—	—	
	正压(A)	—	—	
弱电	网络接口	3	RJ45	
	电话接口	1	RJ11	或综合布线
	电视接口	—	—	
	呼叫接口	—	—	
强电	照明	—	照度:300 lx,色温:3300～5300 K,显色指数:不低于80
	电插座	5	220 V,50 Hz	五孔
	接地	—	—	
给排水	上下水	1	安装混水器	洗手盆
	地漏	—	—	
暖通	湿度/%	30～60		
	温度/℃	18～26		宜优先采用自然通风
	净化	—		

41. 眼底照相室

空间类别	医疗设备	房间编码
	空间及行为	R3220407
房间名称	眼底照相室	R3220407

说　明：　眼底照相室是使用眼底观察和照相设备对患者进行眼底检测和眼底照相，并出具报告的功能房间，此房间通常需暗室条件。根据医疗行为特点，分为检测区和报告区。

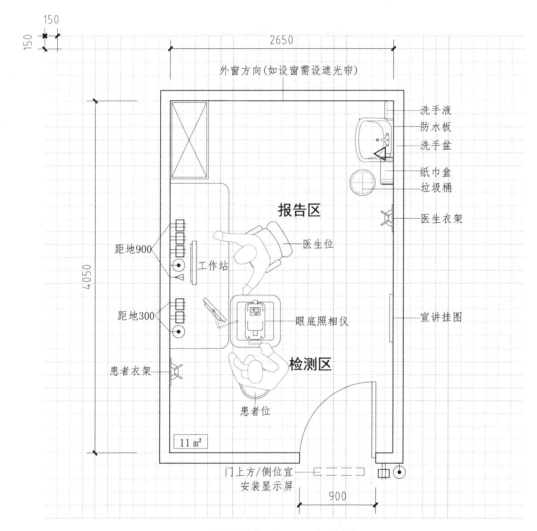

眼底照相室平面布局图

图例：⊟电源插座　◡呼叫　▷电话　⊗地漏
　　　⊙网络　T电视　□观片灯　◁感应龙头

空间类别	医疗设备	房间编码
	空间及行为	
房间名称	眼底照相室	R3220407

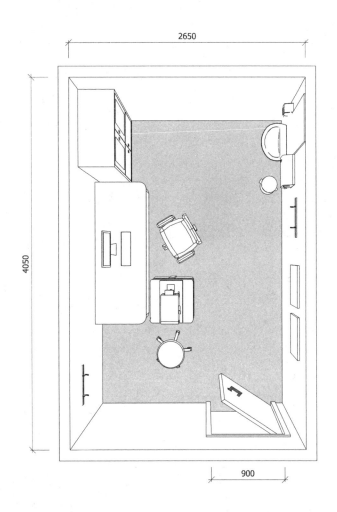

眼底照相室三维示意图

空间类别	医疗设备	房间编码
	装备及环境	
房间名称	眼底照相室	R3220407

建筑要求	规格
净尺寸	开间×进深:2650×4050
	面积:11 m²,高度:不小于2.6 m
装修	墙地面材料应便于清扫,不污染环境,踢脚板、墙裙应与墙面平齐
	屋顶应采用吸音材料,避免采用红、橙等刺激性色彩,色调宜柔和均匀
门窗	考虑暗室条件设置
安全私密	—

装备清单		数量	规格	备注
家具	诊桌	1	1400×700	宜圆角
	诊椅	1	526×526	带靠背、可升降、可移动
	洗手盆	1	500×450×800	防水板、纸巾盒、洗手液、镜子(可选)
	垃圾桶	1	300	直径
	圆凳	1	380	直径
	衣架	2	—	尺度据产品型号
设备	工作站	1	—	包括显示器、主机、打印机
	眼底照相仪	1	505×272×530	功率0.4 kW,质量24.5 kg(参考)
	显示屏	1		尺度据产品型号

机电要求		数量	规格	备注
医疗气体	氧气(O)	—	—	
	负压(V)	—	—	
	正压(A)	—	—	
弱电	网络接口	3	RJ45	
	电话接口	1	RJ11	或综合布线
	电视接口	—	—	
	呼叫接口	—	—	
强电	照明	—	照度:300 lx,色温:3300~5300 K,显色指数:不低于80
	电插座	7	220 V,50 Hz	五孔
	接地	—		
给排水	上下水	1	安装混水器	洗手盆
	地漏	—		
暖通	湿度/%		30~60	
	温度/℃		18~26	宜优先采用自然通风
	净化		—	

42. 角膜地形图室

空间类别	医疗设备	房间编码
	空间及行为	
房间名称	角膜地形图室	R3220408

说　明：　角膜地形图室是通过专用设备对整个角膜表面进行扫描，定量地分析角膜性状。用于角膜散光诊断、角膜屈光手术的术前检查和术后疗效评价等。根据医疗行为特点，分为检查区和分析/报告区。

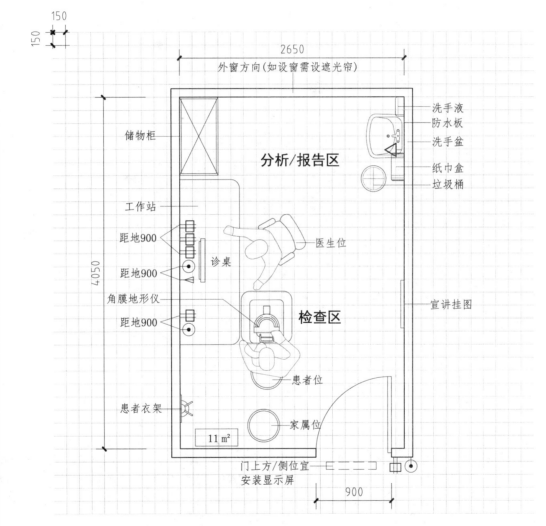

角膜地形图室平面布局图

图例：⊞电源插座　◯呼叫　▷电话　⊗地漏
　　　⊙网络　Ｔ电视　▢观片灯　◁感应龙头

空间类别	医疗设备	房间编码
	空间及行为	
房间名称	角膜地形图室	R3220408

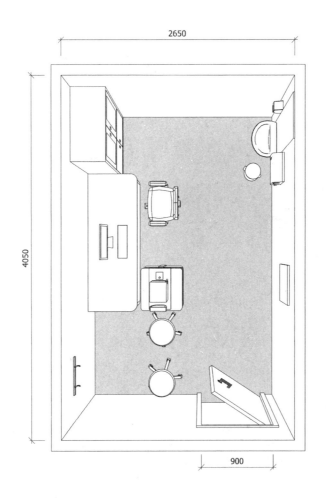

角膜地形图室三维示意图

空间类别	医疗设备	房间编码	
	装备及环境		
房间名称	角膜地形图室	R3220408	

建筑要求	规格
净尺寸	开间×进深：2650×4050
	面积：11 m²，高度：不小于2.6 m
装修	墙地面材料应便于清扫，其阴阳角宜做成圆角，踢脚板、墙裙应与墙面平齐
	屋顶应采用吸音材料，避免采用红、橙等刺激性色彩，色调宜柔和均匀
门窗	门宜设置非通视采光窗
安全私密	—

装备清单		数量	规格	备注
家具	诊桌	1	1400×700	宜圆角
	座椅	1	526×526	带靠背、可升降、可移动
	洗手盆	1	500×450×800	防水板、纸巾盒、洗手液、镜子（可选）
	垃圾桶	1	300	直径
	储物柜	1	900×450	尺度据产品型号
	衣架	1	—	尺度据产品型号
	圆凳	2	380	直径
	设备桌	1	1200×600	尺度据产品型号
设备	工作站	1	—	包括显示器、主机、打印机
	显示屏	1	—	尺度据产品型号
	角膜地形仪	1	538×341×477	功率70 W，质量15 kg（参考）

机电要求		数量	规格	备注
医疗气体	氧气(O)	—	—	
	负压(V)	—	—	
	正压(A)	—	—	
弱电	网络接口	3	RJ45	
	电话接口	1	RJ11	或综合布线
	电视接口	—	—	
	呼叫接口	—	—	
强电	照明	—	照度：300 lx，色温：3300～5300 K，显色指数：不低于80	
	电插座	6	220 V，50 Hz	五孔
	接地	—		
给排水	上下水	1	安装混水器	洗手盆
	地漏	—		
暖通	湿度/%	30～60		
	温度/℃	18～26		宜优先采用自然通风
	净化	—		

43. 儿童视力筛查室

空间类别	医疗设备	房间编码
	空间及行为	
房间名称	儿童视力筛查室	R3220411

说　明：　儿童视力筛查室用于儿童视力筛查。设备包括视力筛查仪、视力表等，在距离患者约35 cm远的地方检测其屈光度。无须散瞳，缩短检查时间。根据医疗行为特点，分为检测区和分析/报告区。

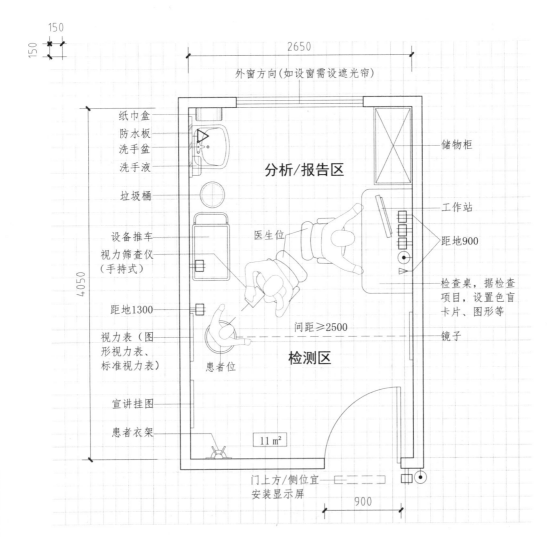

150 150

纸巾盒
防水板
洗手盆
洗手液

垃圾桶

设备推车
视力筛查仪
（手持式）

距地1300

视力表（图形视力表、标准视力表）

患者位

宣讲挂图

患者衣架

外窗方向（如设窗需设遮光帘）

2650

分析/报告区

医生位

间距≥2500

检测区

11 m²

4050

储物柜

工作站

距地900

检查桌，据检查项目，设置色盲卡片、图形等

镜子

门上方/侧位宜安装显示屏

900

儿童视力筛查室平面布局图

图例：　▯ 电源插座　◯ 呼叫　▷ 电话　◉ 地漏
　　　　⊙ 网络　Ｔ 电视　▯ 观片灯　◁ 感应龙头

空间类别	医疗设备 空间及行为	房间编码
房间名称	儿童视力筛查室	R3220411

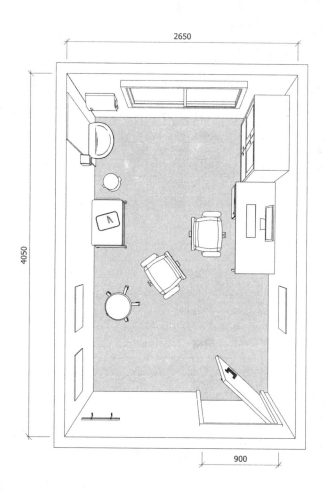

儿童视力筛查室三维示意图

空间类别	医疗设备 装备及环境	房间编码
房间名称	儿童视力筛查室	R3220411

建筑要求	规格
净尺寸	开间×进深:2650×4050 面积:11 m²,高度:不小于2.6 m
装修	墙地面材料应便于清扫,其阴阳角宜做成圆角,踢脚板、墙裙应与墙面平 屋顶应采用吸音材料,避免采用红、橙等刺激性色彩,色调宜柔和均匀
门窗	门宜设置非通视采光窗
安全私密	—

装备清单		数量	规格	备注
家具	诊桌	1	1400×700	宜圆角
	座椅	2	526×526	带靠背、可升降、可移动
	洗手盆	1	500×450×800	防水板、纸巾盒、洗手液、镜子(可选)
	垃圾桶	1	300	直径
	衣架	1	—	尺度据产品型号
	圆凳	1	380	直径
	储物柜	1	900×450×1850	尺度据产品型号
	推车	1	600×475×960	尺度据产品型号
设备	工作站	1	—	包括显示器、主机、打印机
	视力筛查仪	1	—	手持式视力筛查仪,检查屈光度
	视力表	1	750×250×20	5 m距离,功率40 W(参考)
	显示屏	1	—	尺度据产品型号

机电要求		数量	规格	备注
医疗气体	氧气(O)	—	—	
	负压(V)	—	—	
	正压(A)	—	—	
弱电	网络接口	2	RJ45	
	电话接口	1	RJ11	或综合布线
	电视接口	—	—	
	呼叫接口	—	—	
强电	照明	—	照度:300 lx,色温:3300～5300 K,显色指数:不低于80	
	电插座	7	220 V,50 Hz	五孔
	接地	—	—	
给排水	上下水	1	安装混水器	洗手盆
	地漏	—	—	
暖通	湿度/%		30～60	
	温度/℃		18～26	宜优先采用自然通风
	净化		—	

44. 胃镜检查室

空间类别	医疗设备	房间编码
	空间及行为	
房间名称	胃镜检查室	R3220501

说　明： 胃镜检查是消化道疾病诊断的重要手段，可进行多种消化道病的治疗。内镜检查设备通常包括图像处理单元、冷光源装置、显示器、彩色打印机等。为满足内镜拓展出的相关检查，需预留足够的电源接口。根据医疗行为特点，分为准备区、检查/治疗区和整理区，面积不小于20 m²。

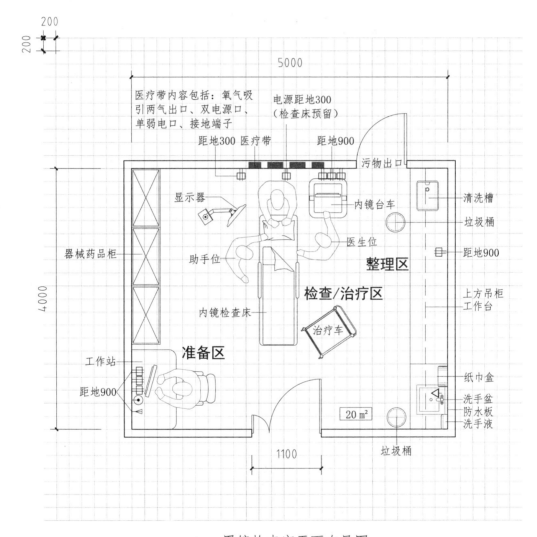

胃镜检查室平面布局图

图例： ⊟电源插座　○呼叫　▷电话　⊗地漏

⊙网络　T电视　□观片灯　◁感应龙头

空间类别	医疗设备 空间及行为	房间编码
房间名称	胃镜检查室	R3220501

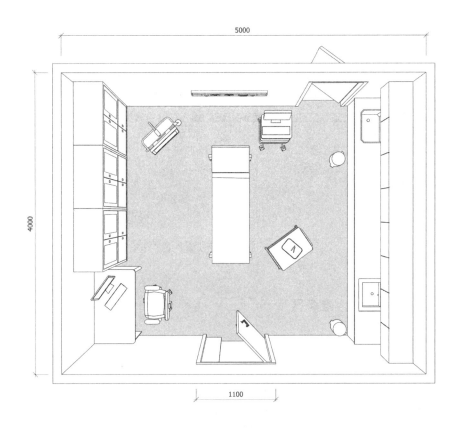

胃镜检查室三维示意图

空间类别	医疗设备	房间编码
	装备及环境	
房间名称	胃镜检查室	R3220501

建筑要求		规格
净尺寸		开间×进深:5000×4000
		面积:20 m², 高度:不小于2.6 m
装修		墙地面材料应便于清扫、冲洗,不污染环境
		屋顶应采用吸音材料
门窗		门宜设置非通视采光窗,U形门把手
安全私密		—

装备清单		数量	规格	备注
家具	工作台	1	1400×700	宜圆角,尺度据产品型号
	座椅	1	526×526	带靠背、可升降、可移动
	洗手盆	1	500×450×800	防水板、纸巾盒、洗手液、镜子(可选)
	垃圾桶	1	300	直径
	药品器械柜	3	900×450×1800	尺度据产品型号
	治疗车	1	560×475×870	尺度据产品型号
	清洗槽	1	600×450	尺度据产品型号
	检查床	1	1850×700	尺度据产品型号
设备	工作站	1	—	包括显示器、主机、打印机
	治疗带	1	—	尺度据产品型号
	内镜台车	1	680×600×1100	医用内镜台车,尺度据产品型号
	图像处理	1	295×160×414	图像处理装置,功率150 W,质量13 kg
	电子内窥镜	1	600×600	胃镜全长1345,头部直径9.2(参考)
	显示器	1	—	根据实际需要配置

机电要求		数量	规格	备注
医疗气体	氧气(O)	1	—	
	负压(V)	1	—	
	正压(A)	—	—	
弱电	网络接口	2	—	
	电话接口	1	RJ11	或综合布线
	电视接口	—	—	
	呼叫接口	—	—	
强电	照明	—	照度:500 lx,色温:3300～5300 K,显色指数:不低于80	
	电插座	12	220 V,50 Hz	五孔
	接地	1	小于1Ω	治疗带
给排水	上下水	2	安装混水器	洗手盆、清洗槽
	地漏	—		
暖通	湿度/%		30～60	
	温度/℃		18～26	
	净化		—	采用一定消毒方式

45. 支气管镜检查室

空间类别	医疗设备	房间编码
	空间及行为	
房间名称	支气管镜检查室	R3220503

说　明：支气管镜检查室是利用通用支气管镜对患者进行检查的功能房间。硬支气管镜有能保持气道通畅，并且在操作端有侧孔与呼吸机相连的特点。根据医疗行为特点，分为准备区、检查区、整理区和记录区，面积不小于20 m²。

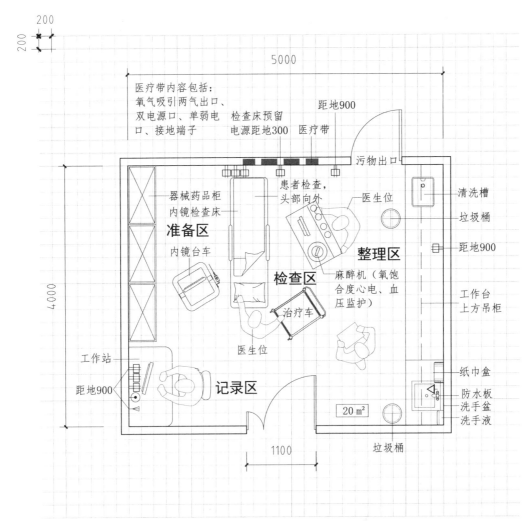

支气管镜检查室平面布局图

图例： ⊞电源插座 　○呼叫 　▷电话 　⊛地漏
　　　 ⊙网络 　Ｔ电视 　□观片灯 　◁感应龙头

空间类别	医疗设备	房间编码
	空间及行为	
房间名称	支气管镜检查室	R3220503

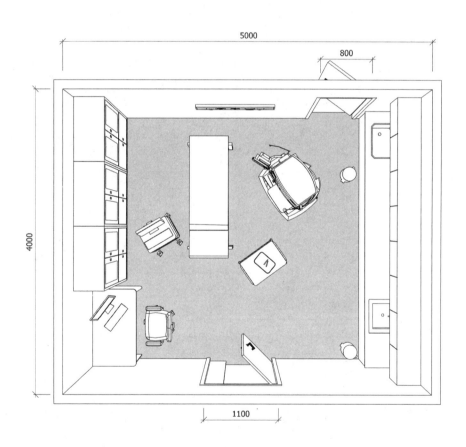

支气管镜检查室三维示意图

空间类别	医疗设备 装备及环境	房间编码
房间名称	支气管镜检查室	R3220503

建筑要求		规格
净尺寸		开间×进深:5000×4000
		面积:20 m², 高度:不小于2.6 m
装修		墙地面材料应便于清扫、冲洗,不污染环境
		屋顶应采用吸音材料
门窗		门宜设置非通视窗采光,U形门把手
安全私密		—

装备清单		数量	规格	备注
家具	工作台	1	—	尺度据产品型号
	诊床	1	1850×700	宜安装一次性床垫卷筒纸
	洗手盆	1	500×450×800	防水板、纸巾盒、洗手液、镜子（可选）
	垃圾桶	若干	300	尺度据产品型号
	储物柜	3	450×900×1850	尺度据产品型号
	清洗槽	1	620×450×260	尺度据产品型号
	诊桌	1	1200×700	宜圆角
设备	工作站	1	—	包括显示器、主机、打印机
	气管镜	1	台车：680×600	尺度据产品型号
	图像处理	1	400×450×80	功率300 W,质量33.5 kg（参考）
	治疗带	1	—	尺度据产品型号
	麻醉机	1	—	尺度据产品型号

机电要求		数量	规格	备注
医疗气体	氧气(O)	1	—	
	负压(V)	1	—	
	正压(A)	—	—	
弱电	网络接口	2	RJ45	
	电话接口	1	RJ11	或综合布线
	电视接口	—	—	
	呼叫接口	—	—	
强电	照明	—	照度:500 lx, 色温:3300～5300 K,显色指数:不低于80	
	电插座	12	220 V, 50 Hz	五孔
	接地	1	小于1Ω	
给排水	上下水	2	安装混水器	洗手盆、清洗槽
	地漏	—		
暖通	湿度/%		30～60	
	温度/℃		18～26	宜优先采用自然通风
	净化		—	采用一定消毒方式

46. 喉镜室

空间类别	医疗设备	房间编码
	空间及行为	
房间名称	喉镜室	R3220505

说　明：喉镜室通常为耳鼻喉科专业用房，因检查方式不同采用坐位或侧卧位，需对鼻咽部粘膜表面进行麻醉。通常设置内镜台车，搭载视频采集单元、照明冷光源单元，房间需预留足够电源。根据医疗行为特点，分为分析区和检查区。

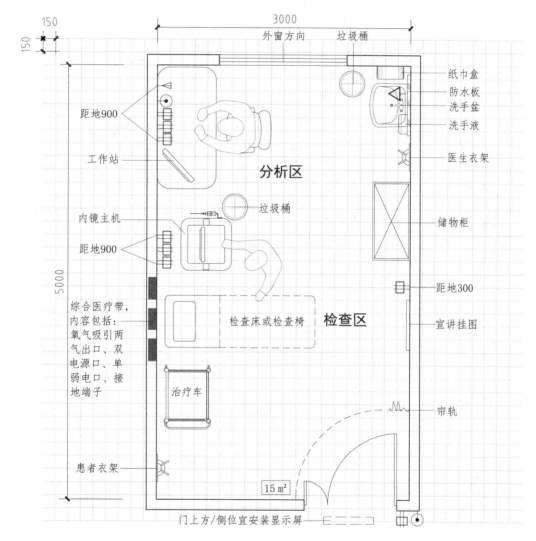

喉镜室平面布局图

图例：▯电源插座　○呼叫　▷电话　◉地漏
　　　◉网络　T电视　▭观片灯　◁感应龙头

空间类别	医疗设备	房间编码
	空间及行为	
房间名称	喉镜室	R3220505

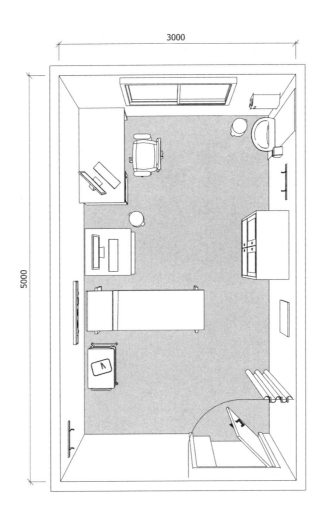

3000

5000

喉镜室三维示意图

空间类别	医疗设备	房间编码
	装备及环境	
房间名称	喉镜室	R3220505

建筑要求	规格
净尺寸	开间×进深：3000×5000
	面积：15 m²，高度：不小于2.6 m
装修	墙地面材料应便于清扫、冲洗，不污染环境
	屋顶应采用吸音材料
门窗	门宜设置非通视采光窗，U形门把手。外窗设置应保证自然采光和通风的需要
安全私密	需设置隔帘保护患者隐私，房间如果为落地窗，应设置安全栏杆保护医患安全

装备清单		数量	规格	备注
家具	诊桌	1	1400×700	宜圆角
	座椅	1	526×526	带靠背、可升降、可移动
	诊床	1	1850×700	宜安装一次性床垫卷筒纸
	洗手盆	1	500×450×800	防水板、纸巾盒、洗手液、镜子（可选）
	垃圾桶	若干	300	尺度据产品型号
	帘轨	1	—	弧形
	储物柜	1	900×450	尺度据产品型号
	治疗车	1	600×475×960	尺度据产品型号
设备	工作站	1	1400×700×750	包括显示器、主机、打印机
	内镜主机	1	台车：680×600	尺度据产品型号
	喉镜	1	51×330×75	功率20 W（参考）
	治疗带	1	—	尺度据产品型号
	显示屏	1	—	尺度据产品型号

机电要求		数量	规格	备注
医疗气体	氧气(O)	1	—	
	负压(V)	1	—	
	正压(A)	—	—	
弱电	网络接口	3	RJ45	
	电话接口	1	RJ11	或综合布线
	电视接口	—	—	
	呼叫接口	—	—	
强电	照明	—	照度：500 lx，色温：3300～5300 K，显色指数：不低于80	
	电插座	11	220 V，50 Hz	五孔
	接地	1	小于1 Ω	治疗带
给排水	上下水	1	安装混水器	洗手盆
	地漏	—	—	
暖通	湿度/%		30～60	
	温度/℃		18～26	宜优先采用自然通风
	净化		—	

47. 经颅多普勒检查室

空间类别	医疗设备	房间编码
	空间及行为	
房间名称	经颅多普勒检查室	R3230201

说　明： 多普勒检查室是利用超声设备的多普勒效应差值计算原理进行检查的功能房间。主要用于测定脑血管结构、功能和血流动力，可以检查脑动脉硬化、脑血管意外等疾病。根据医疗行为特点，分为检查区和分析区，面积不小于13.5 m²。

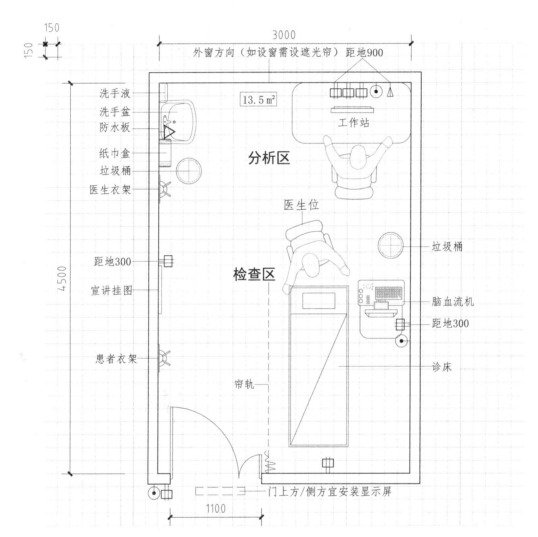

经颅多普勒检查室平面布局图

图例： ⊟电源插座　◯呼叫　▷电话　⊗地漏
　　　　◉网络　Ⓣ电视　□观片灯　◁感应龙头

空间类别	医疗设备 空间及行为	房间编码
房间名称	经颅多普勒检查室	R3230201

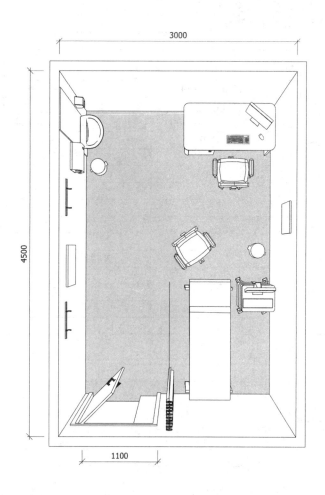

经颅多普勒检查室三维示意图

空间类别	医疗设备 装备及环境	房间编码
房间名称	经颅多普勒检查室	R3230201

建筑要求		规格
净尺寸		开间×进深:3000×4500
		面积:13.5 m²,高度:不小于2.6 m
装修		墙地面材料应便于清扫、擦洗,不污染环境
		屋顶应采用吸音材料
门窗		门宜设置非通视采光窗,U形门把手。需考虑推床通行宽度
安全私密		需设置隔帘保护患者隐私

装备清单		数量	规格	备注
家具	诊桌	1	700×1400	宜圆角
	诊床	1	1900×700	宜安装一次性床垫卷筒纸
	洗手盆	1	500×450×800	防水板、纸巾盒、洗手液、镜子(可选)
	垃圾桶	2	300	直径
	座椅	2	526×526	带靠背、可升降、可移动
	衣架	2	—	尺度据产品型号
	帘轨	1	—	直线形
设备	工作站	1	—	包括显示器、主机、打印机
	显示屏	1	—	尺度据产品型号
	脑血流机	1	500×500	尺度据产品型号

机电要求		数量	规格	备注
医疗气体	氧气(O)	—	—	
	负压(V)	—	—	
	正压(A)	—	—	
弱电	网络接口	3	RJ45	
	电话接口	1	RJ11	或综合布线
	电视接口	—	—	
	呼叫接口	—	—	
强电	照明	—	照度:300 lx,色温:3300~5300 K,显色指数:不低于85	
	电插座	8	220 V,50 Hz	五孔
	接地	1	小于1Ω	
给排水	上下水	1	安装混水器	洗手盆
	地漏	—		
暖通	湿度/%		30~60	
	温度/℃		18~26	宜优先采用自然通风
	净化		—	

48. 超声检查室

空间类别	医疗设备	房间编码
	空间及行为	
房间名称	超声检查室	R3230208

说　明：　超声检查室是利用超声设备对患者进行检查的场所。检查方式为彩色多普勒检
　　　　　查、黑白B超检查等。患者应就近上检查床，医生右手位对患者和超声检查仪。
　　　　　超声设备对电源有特殊要求，建议使用纯净电源。由于病人检查时可能需要脱
　　　　　去衣服，需要保护病人隐私，如设置隔帘等。根据医疗行为特点，分为分析区、
　　　　　检查区和患者准备区，面积建议不小于15 m²。

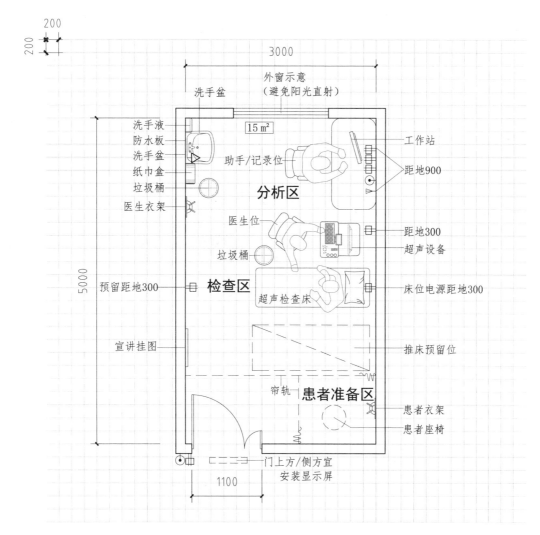

超声检查室平面布局图

图例：⊟电源插座　○呼叫　▷电话　◉地漏

　　　⊙网络　Ｔ电视　▢观片灯　◁感应龙头

空间类别	医疗设备 空间及行为	房间编码
房间名称	超声检查室	R3230208

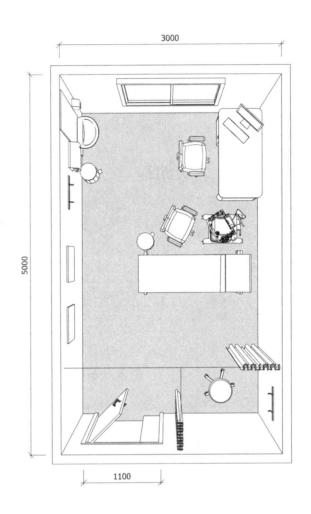

超声检查室三维示意图

空间类别	医疗设备	房间编码	
	装备及环境		
房间名称	超声检查室	R3230208	

建筑要求	规格
净尺寸	开间×进深:3000×5000
	面积:15 m²，高度:不小于2.6 m
装修	墙地面材料应便于清扫、冲洗，不污染环境
	屋顶应采用吸音材料
门窗	门宜设置非通视采光窗，U形门把手。需考虑推床通行宽度
安全私密	需设置隔帘保护患者隐私，房间如果为落地窗，应设置安全栏杆保护医患安全

装备清单		数量	规格	备注
家具	工作台	1	1400×700	宜圆角，尺度据产品型号
	座椅	2	526×526	带靠背、可升降、可移动
	洗手盆	1	500×450×800	防水板、纸巾盒、洗手液、镜子（可选）
	垃圾桶	2	300	直径
	衣架	2	—	尺度据产品型号
	帘轨	2	3000	直线形，吊顶安装
设备	工作站	1	—	包括显示器、主机、打印机
	显示屏	1	—	尺度据产品型号
	超声设备	1	500×500	彩色多普勒超声诊断仪
	超声检查床	1	1970×610×500	具有电控升降、整床倾斜功能

机电要求		数量	规格	备注
医疗气体	氧气(O)	—	—	
	负压(V)	—	—	
	正压(A)	—	—	
弱电	网络接口	2	RJ45	
	电话接口	1	RJ11	或综合布线
	电视接口	—	—	
	呼叫接口	—	—	
强电	照明	—	照度:300 lx，色温:3300～5300 K，显色指数:不低于80	
	电插座	8	220 V，50 Hz	五孔
	接地	1	小于1Ω	超声检查设备
给排水	上下水	1	安装混水器	洗手盆
	地漏	—		
暖通	湿度/%		30～65	
	温度/℃		22～26	宜优先采用自然通风
	净化		—	

49. 眼科 AB 超检查室

空间类别	医疗设备	房间编码
	空间及行为	
房间名称	眼科AB超检查室	R3230209

说 明： 眼科AB超检查室是用于眼部超声检查的功能用房。用于检测眼活体结构和眼内
情况。根据医疗行为特点，需对检查床床头位置及超声设备位置进行三级流程
设计，分为检查区和分析区。

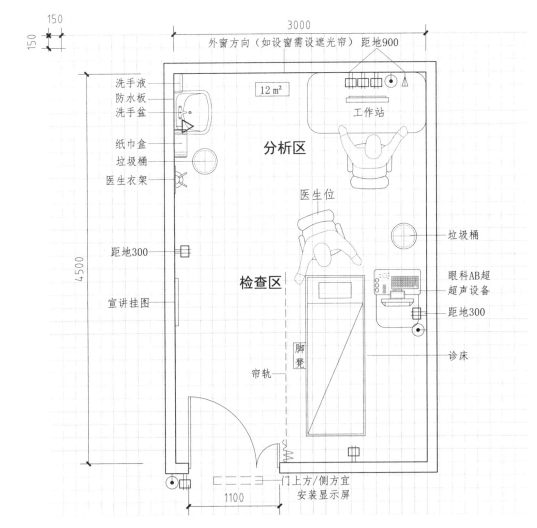

眼科AB超检查室平面布局图

图例： ⊟ 电源插座　◯ 呼叫　▷ 电话　⊗ 地漏
⊙ 网络　Ｔ 电视　▯ 观片灯　◁ 感应龙头

空间类别	医疗设备	房间编码
	空间及行为	
房间名称	眼科 AB 超检查室	R3230209

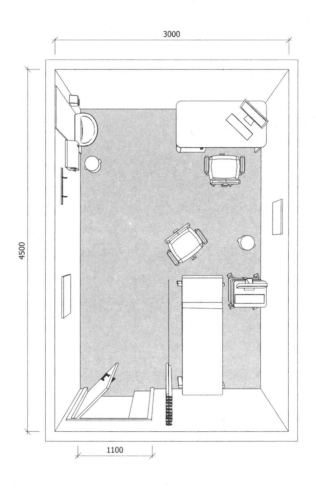

眼科 AB 超检查室三维示意图

空间类别	医疗设备	房间编码
	装备及环境	
房间名称	眼科AB超检查室	R3230209

建筑要求	规格
净尺寸	开间×进深:3000×4500 面积:13.5 m², 高度:不小于2.6 m
装修	墙地面材料应便于清扫、冲洗,不污染环境 屋顶应采用吸音材料
门窗	门宜设置非通视采光窗,U形门把手。门宽需考虑推床通过要求
安全私密	需设置隔帘保护患者隐私

装备清单		数量	规格	备注
家具	诊桌	1	700×1400	宜圆角
	诊床	1	1850×700	宜安装一次性床垫卷筒纸
	脚凳	1	200	高度
	垃圾桶	1	300	直径
	座椅	2	526×526	带靠背、可升降、可移动
	衣架	1	—	尺度据产品型号
	洗手盆	1	500×450×800	防水板、纸巾盒、洗手液、镜子（可选）
	帘轨	1	2200	直线型
设备	工作站	1	—	包括显示器、主机、打印机
	超声设备	1	600×600	尺度据产品型号
	显示屏	1	—	尺度据产品型号

机电要求		数量	规格	备注
医疗气体	氧气(O)	—	—	
	负压(V)	—	—	
	正压(A)	—	—	
弱电	网络接口	2	RJ45	
	电话接口	1	RJ11	或综合布线
	电视接口	—	—	
	呼叫接口	—	—	
强电	照明	—	照度:300 lx, 色温:3300～5300 K, 显色指数:不低于80	
	电插座	8	220 V, 50 Hz	五孔
	接地		小于1Ω	
给排水	上下水	1	安装混水器	洗手盆
	地漏	—		
暖通	湿度/%		30～60	
	温度/℃		18～26	宜优先采用自然通风
	净化		—	

50. 空气加压氧舱

空间类别	医疗设备	房间编码
	空间及行为	
房间名称	空气加压氧舱	R3260101

说　明：空气加压氧舱用于各种缺氧症的治疗。舱体为密闭圆筒状压力容器，通过管道及控制系统把净化压缩空气、纯氧输入舱内，进行舱内加压吸氧。舱外医生通过观察窗和对讲器可与病人联系，氧舱内有10～20个座位。本房型主要表达功能关系及工艺条件需求，具体设置需要根据医疗需求和产品型号确定。

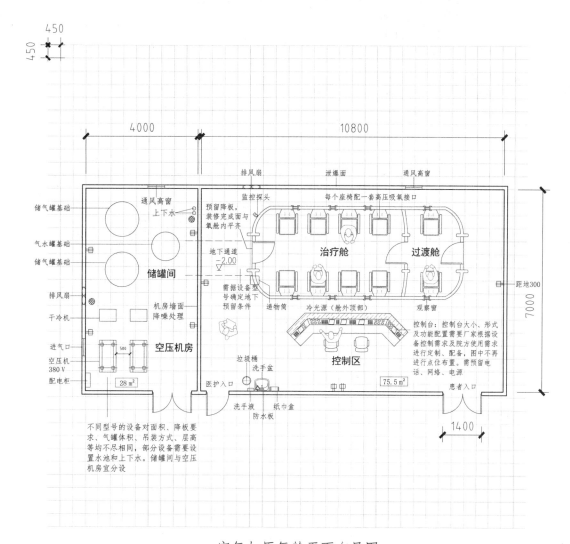

空气加压氧舱平面布局图

图例：▯电源插座　○呼叫　▷电话　◈地漏

○网络　T电视　□观片灯　◁感应龙头

空间类别	医疗设备	房间编码
	装备及环境	
房间名称	空气加压氧舱	R3260101

建筑要求	规格
净尺寸	开间×进深:14800×7000
	面积:103.5 m²
装修	墙地面材料应便于清扫,地面承重考虑设备自重需求
	屋顶应采用吸音材料
门窗	门宽需考虑推床通行要求
安全私密	有泄爆面要求,需满足消防规范

装备清单		数量	规格	备注
家具	座椅	2	526×526	带靠背、可升降、可移动
	洗手盆	1	500×450×800	防水板、纸巾盒、洗手液、镜子（可选）
设备	治疗舱	1	D3200×6000	舱室内径,尺度据产品型号
	过渡舱	1	D3200	舱室内径,尺度据产品型号
	递物筒	2	内径不小于300	快开式外开门,安全连锁装置
	冷光源	6	—	高压舱外照明,对舱内补光
	电视监控	2	—	设备在舱外,监控舱内情况
	控制台	1	3000×1100×800	与加压舱配套使用
	空气压缩机	2	1500×2000×1300	尺度据产品型号
	干冷机	2	—	尺度据产品型号

机电要求		数量	规格	备注
医疗气体	氧气(O)	10	—	
	负压(V)	—	—	
	正压(A)	—	—	
弱电	网络接口	2	RJ45	不含氧舱内点位
	电话接口	1	RJ11	或综合布线
	电视接口	2	同轴电缆	
	呼叫接口	10	据呼叫系统型号	
强电	照明	—	照度:房间300 lx,手术舱750 lx,治疗舱、过渡舱60 lx	
		—	色温:3300～5300 K,显色指数:不低于80	
	电插座	9	220 V,50 Hz	五孔(不含氧舱内点位)
	接地	4	小于1Ω	
给排水	上下水	2	—	洗手盆、卫生间
	地漏	2	—	
暖通	湿度/%		30～60	
	温度/℃		18～26	宜优先采用自然通风
	净化		—	采用一定消毒方式

51. 光疗室

空间类别	医疗设备	房间编码
	空间及行为	
房间名称	光疗室	R3260301

说　明：　光疗室是利用光线辐射能治疗疾病的房间，多为紫外线光疗。通过对患者进行照射达到治疗目的，可分为全身、局部或站姿、卧姿等形式。应考虑紫外线防护用品及室内的紫外线防护措施。根据医疗行为特点，房间分为准备区和治疗区。房间应设置机械排风系统。

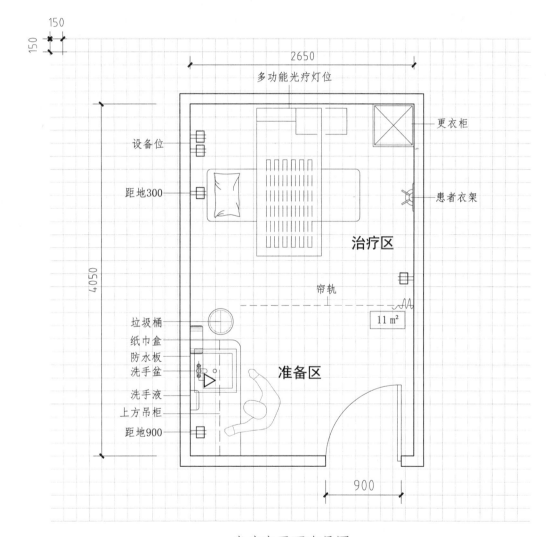

光疗室平面布局图

图例：　▯ 电源插座　○ 呼叫　▷ 电话　◎ 地漏
　　　　⊙ 网络　T 电视　▭ 观片灯　◁ 感应龙头

空间类别	医疗设备 空间及行为	房间编码
房间名称	光疗室	R3260301

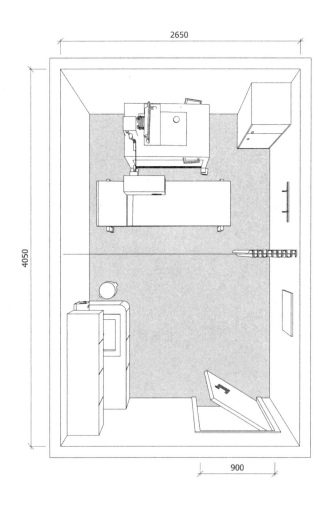

光疗室三维示意图

空间类别	医疗设备		房间编码	
	装备及环境			
房间名称	光疗室		R3260301	

建筑要求	规格
净尺寸	开间×进深:2650×4050
	面积:11 m², 高度:不小于2.6 m
装修	墙地面材料应便于清扫、擦洗,不污染环境
	屋顶应采用吸音材料,房间宜设舒缓背景音乐
门窗	门宜设置非通视采光窗,U形门把手
安全私密	需设置隔帘保护患者隐私

装备清单		数量	规格	备注
家具	衣柜	1	450×450	尺度据产品型号
	帘轨	2	2000	直线形
	洗手盆	1	500×450×800	防水板、纸巾盒、洗手液、镜子(可选)
	垃圾桶	1	300	直径
	治疗床	1	1900×700	尺度据产品型号
	衣架	1	—	尺度据产品型号
设备	工作站	1	—	包括显示器、主机、打印机
	光疗灯	1	1710×760×1030	6支40 W灯管,质量71 kg(参考)

机电要求		数量	规格	备注
医疗气体	氧气(O)	—	—	
	负压(V)	—	—	
	正压(A)	—	—	
弱电	网络接口	—	—	
	电话接口	—	—	
	电视接口	—	—	
	呼叫接口	—	—	
强电	照明	—	照度:300 lx,色温:3300～5300 K,显色指数:不低于80	
	电插座	6	220 V,50 Hz	五孔
	接地	—		
给排水	上下水	1	安装混水器	洗手盆
	地漏	—		
暖通	湿度/%		30～60	
	温度/℃		18～26	宜优先采用自然通风
	净化		—	

52. 蜡疗室

空间类别	医疗设备	房间编码
	空间及行为	
房间名称	蜡疗室	R3260401

说　明：　蜡疗室是用于蜡疗治疗的功能房间。房间内需设置储蜡、融蜡设施，如：蜡饼箱、恒温蜡疗仪等。房间内有异味，应设置机械排风系统。根据医疗行为特点，分为治疗区和准备区。

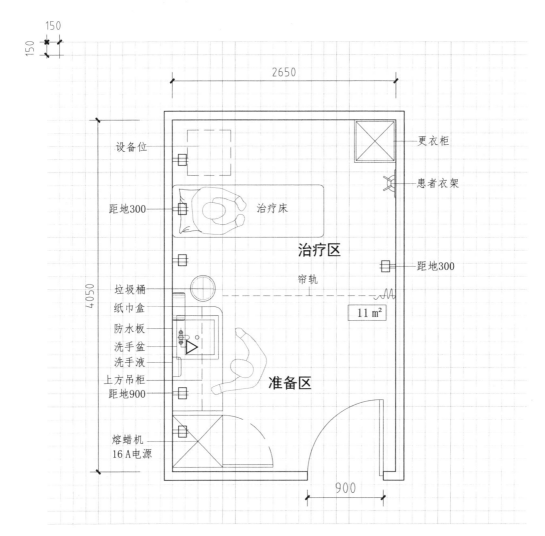

蜡疗室平面布局图

图例：　电源插座　呼叫　电话　地漏
网络　T 电视　观片灯　感应龙头

空间类别	医疗设备 空间及行为	房间编码
房间名称	蜡疗室	R3260401

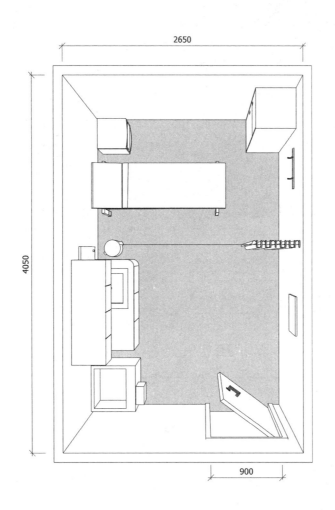

蜡疗室三维示意图

空间类别	医疗设备 装备及环境	房间编码
房间名称	蜡疗室	R3260401

建筑要求	规格
净尺寸	开间×进深:2650×4050 面积:11 m²,高度:不小于2.6 m
装修	墙地面材料应便于清扫、擦洗,不污染环境 屋顶应采用吸音材料,房间宜设舒缓背景音乐
门窗	门宜设置非通视采光窗,U形门把手
安全私密	需设置隔帘保护患者隐私

装备清单		数量	规格	备注
家具	衣柜	1	450×450	尺度据产品型号
	帘轨	1	2000	直线形
	洗手盆	1	500×450×800	防水板、纸巾盒、洗手液、镜子(可选)
	垃圾桶	1	300	直径
	治疗床	1	1850×700	尺度据产品型号
设备	工作站	1	—	包括显示器、主机、打印机
	熔蜡机	1	1160×450×720	质量50 kg(参考)

机电要求		数量	规格	备注
医疗气体	氧气(O)	—	—	
	负压(V)	—	—	
	正压(A)	—	—	
弱电	网络接口	—	—	
	电话接口	—	—	
	电视接口	—	—	
	呼叫接口	—	—	
强电	照明	—	照度:300 lx,色温:3300～5300 K,显色指数:不低于80	
	电插座	7	220 V,50 Hz	五孔
	接地	—	—	
给排水	上下水	1	安装混水器	洗手盆
	地漏	—		
暖通	湿度/%		30～60	
	温度/℃		18～26	宜优先采用自然通风
	净化		—	

53. 肌电图检查室

空间类别	医疗设备	房间编码
	空间及行为	
房间名称	肌电图检查室	R3260601

说 明： 肌电图检查室的功能是应用电刺激检查神经、肌肉兴奋及传导功能的房间。每台肌电图机配备一张检查床，为一医一患的形式。根据医疗行为特点，分为患者准备区、检查区、分析区，面积不小于12 m²。

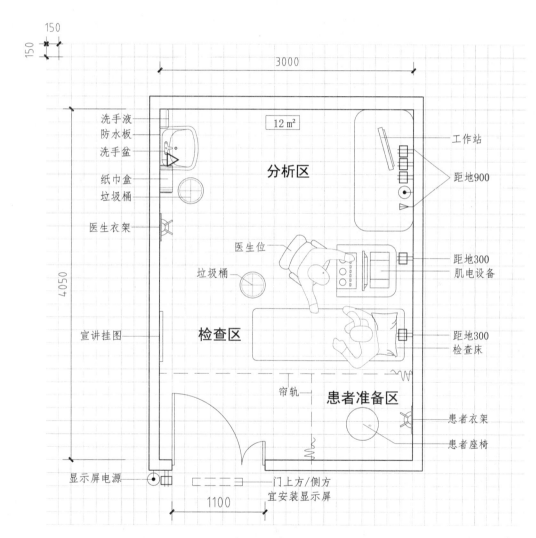

肌电图检查室平面布局图

图例： ⊟电源插座　◯呼叫　▷电话　⊗地漏

⊙网络　T电视　□观片灯　◁感应龙头

空间类别	医疗设备	房间编码
	空间及行为	
房间名称	肌电图检查室	R3260601

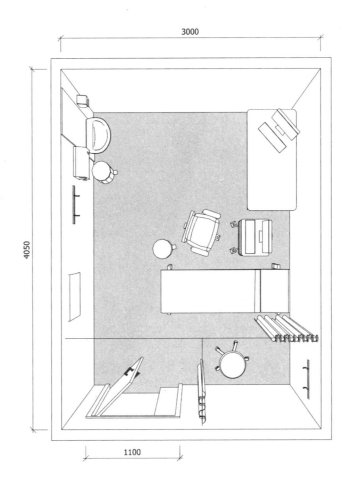

肌电图检查室三维示意图

空间类别	医疗设备	房间编码	
	装备及环境		
房间名称	肌电图检查室	R3260601	

建筑要求		规格
净尺寸		开间×进深：3000×4050
		面积：12 m²，高度：不小于2.6 m
装修		墙地面材料应便于清扫、擦洗，不污染环境
		屋顶应采用吸音材料
门窗		门宜设置非通视采光窗，U形门把手
安全私密		需设置隔帘保护患者隐私

装备清单		数量	规格	备注
家具	诊桌	1	700×1400	宜圆角
	检查床	1	1850×700	宜安装一次性床垫卷筒纸
	脚凳	1	200	高度
	垃圾桶	1	300	直径
	座椅	1	526×526	带靠背、可升降、可移动
	衣架	2	—	尺度据产品型号
	帘轨	2	3000	直线形
	洗手盆	1	500×450×800	防水板、纸巾盒、洗手液、镜子（可选）
	圆凳	1	380	直径
设备	工作站	1	—	包括显示器、主机、打印机
	肌电机	1	台车750×700×1150	尺度据产品型号
	显示屏	1	—	尺度据产品型号

机电要求		数量	规格	备注
医疗气体	氧气(O)	—	—	
	负压(V)	—	—	
	正压(A)	—	—	
弱电	网络接口	2	RJ45	
	电话接口	—	—	
	电视接口	—	—	
	呼叫接口	—	—	
强电	照明	—	照度：300 lx，色温：3300～5300 K，显色指数：不低于80	
	电插座	7	220 V，50 Hz	五孔
	接地	1	小于1Ω	
给排水	上下水	1	安装混水器	洗手盆
	地漏	—		
暖通	湿度/%	30～65		
	温度/℃	22～26	宜优先采用自然通风	
	净化	—		

54. 中药煎药室

空间类别	医疗设备	房间编码
	空间及行为	
房间名称	中药煎药室	R3270401

说　明：中药煎药室通常作为中药房的附属功能房间，通常分为手工煎药和自动煎药两种。本房间主要表达医疗功能特点及工艺条件需求，具体空间尺度要求需根据煎药量化要求及设备型号确定。房间内需设置排风系统，排出药味及蒸汽，地面需做防水处理。

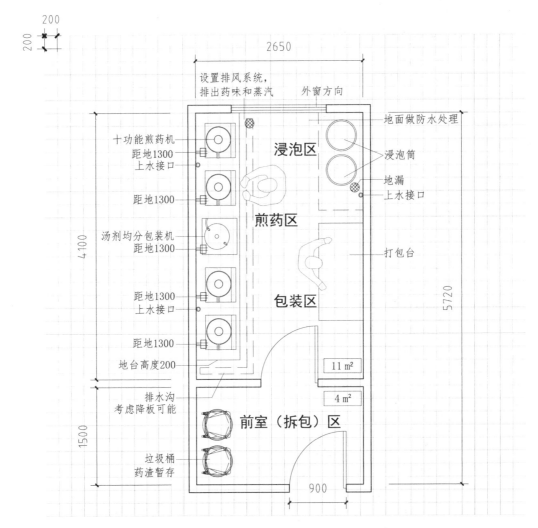

中药煎药室平面布局图

图例：⊟电源插座　◠呼叫　▷电话　⊗地漏
　　　◉网络　T电视　□观片灯　◁感应龙头

空间类别	医疗设备 空间及行为	房间编码
房间名称	中药煎药室	R3270401

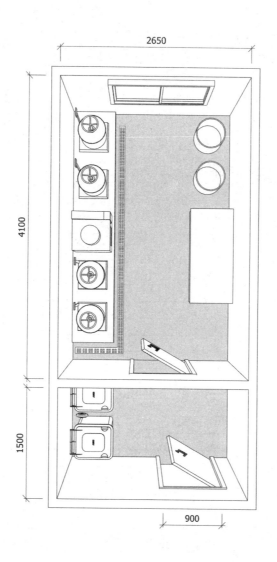

中药煎药室三维示意图

空间类别	医疗设备	房间编码
	装备及环境	
房间名称	中药煎药室	R3270401

建筑要求	规格
净尺寸	开间×进深:2650×5720 面积:15 m², 高度:不小于2.6 m
装修	墙地面材料应便于清扫、冲洗,不污染环境,不易长霉 建议地面做防水处理
门窗	窗户设置应保证自然采光和通风的需要
安全私密	房间如果设落地窗,应设置安全栏杆保护安全

装备清单		数量	规格	备注
家具	浸泡筒	2	300	尺度据产品型号
	打包台	1	700×1200	尺度据产品型号
	垃圾桶	2	400	尺度据产品型号
设备	煎药机	4	565×515×1127	质量80 kg,总功率2500 W(参考)
	均分包装机	1	520×520×1180	质量55 kg,功率1.6 kW(参考)

机电要求		数量	规格	备注
医疗气体	氧气(O)	—	—	
	负压(V)	—	—	
	正压(A)	—	—	
弱电	网络接口	—	—	
	电话接口	—	—	
	电视接口	—	—	
	呼叫接口	—	—	
强电	照明	—	照度:200 lx,色温:3300~5300 K,显色指数:不低于80	
	电插座	5	220 V,50 Hz	五孔
	接地	—	—	
给排水	上下水	3	—	煎药机、水槽
	地漏	2	—	含排水沟
暖通	湿度/%		30~60	因设备发热量大,需通风良好
	温度/℃		18~26	建议设置排风装置
	净化		—	

55. MRI室

空间类别	医疗设备	房间编码
	空间及行为	
房间名称	MRI室	R3280101

说　明：MRI室是利用核磁振荡原理对人体进行扫描的功能房间。核磁检查是用于影像诊断的重要技术手段。本功能房间选址及设置需达到"主动"干扰和"被动"干扰要求，具体房间尺度及机电要求需根据设备品牌及型号确定。

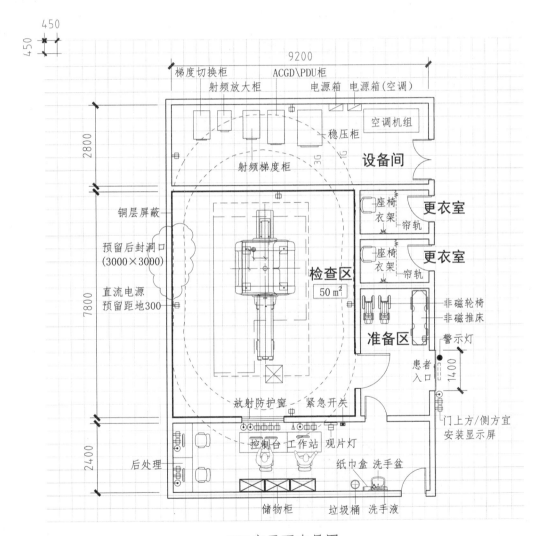

MRI室平面布局图

图例：⊟电源插座　◯呼叫　▷电话　⊗地漏

　　　⊙网络　Ｔ电视　▱观片灯　◁感应龙头

空间类别	医疗设备 空间及行为	房间编码
房间名称	MRI 室	R3280101

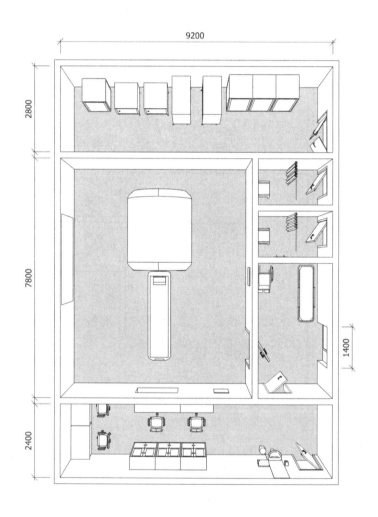

MRI 室三维示意图

空间类别	医疗设备	房间编码	
	装备及环境		R3280101
房间名称	MRI室		

建筑要求		规格
净尺寸		开间×进深:9200×13300
		面积:119 m²,房间高度不小于3.6 m
装修		屋顶应做活动吊顶,便于检修。墙地面装修应便于擦洗和消毒
		室内环境应以装修的方式创造轻松舒适的氛围,以缓解患者心理压力
门窗		门窗为放射防护专用门窗
安全私密		放射防护安全为设计的重要因素,需满足医护和患者两个人群的安全需求

装备清单		数量	规格	备注
家具	工作台	2	700×1400	尺度据产品型号
	座椅	2	526×526	带靠背、可升降、可移动
	洗手盆	1	500×450×800	防水板、纸巾盒、洗手液、镜子(可选)
设备	垃圾桶	1	300	尺度据产品型号
	线圈架	1	—	尺度据产品型号
	显示屏	1	—	尺度据产品型号
	警示灯	1	—	检查期间,警示灯处于开启状态
	观片灯	1	—	医用观片灯(预留)
	磁体	1	2306×1934×2587	质量5320 kg(参考)
	ACGD柜	1	950×650×1970	质量1250 kg(参考)
	射频放大柜	1	596×1156×1805	质量225 kg(参考)
	梯度切换柜	1	544×705×811	质量100 kg(参考)
	稳压柜	1	1100×800×1975	质量890 kg(参考)

机电要求		数量	规格	备注
医疗气体	氧气(O)	—	—	
	负压(V)	—	—	
	正压(A)	—	—	
弱电	网络接口	6	RJ45	
	电话接口	1	RJ11	或综合布线
	电视接口	—		
	呼叫接口	1	—	语音接口,用于医患对话
强电	照明	—	照度:300 lx,色温:3300～5300 K,显色指数:不低于80	
		—	直流白炽灯,要求设备厂家进行二次设计	
	电插座	22	220 V,50 Hz	强电要求详见后表
	接地	1	小于2Ω	要求设置设备专用PE线
给排水	上下水	1		医生洗手盆
	地漏	—		
暖通	湿度/%		60±10	
	温度/℃		22±2	空调系统要保证常年制冷,温度可控
	净化		—	采用一定消毒方式

续表

空间类别	医疗设备	房间编码
	装备及环境	
房间名称	MRI室	R3280101

建筑要求补充		技术指标（参考值）
扫描室	窗尺寸（宽×高）	不小于1200×800
	门尺寸（宽×高）	不小于1200×2100 扫描间应预留一个3000×3000洞口，运输磁体使用
	房屋吊顶后高度	4000（补充液氦时所需空间高度）
控制室	门尺寸（宽×高）	1000×2000
机房	门尺寸（宽×高）	1200×2100
地面基础	平整度要求	任意两点间水平差不超过±2
	结构降板要求	磁体正下方降板，通常为-300（含称重基座、防水处理） 机房地面通常处理为-300，上铺抗静电复合地板
	电缆沟（宽×深）	600×300，检查室和控制室之间需做电缆沟

运输要求补充		技术指标（参考值）
通道要求	运输设备尺寸	2895×2438×2794
	质量	6486 kg（参考）
	运输通道（宽×高）	2800×2800

电源要求补充		技术指标（参考值）
强电要求	380 V，50 Hz	三相五线制（三相动力电、零线、接地线）
	平均功率：29 kVA	专线供电，使用专用变压器，或从主变压器引线
	最高功率：54 kVA	功率因数0.9
地线要求	1. 要求设置设备专用PE线(保护接地线)，接地电阻小于2Ω 2. 采用与供电电缆等截面的多股铜芯线 3. 控制间、机房需设置带地线的220 V电源插座，以便维修	

通风要求补充		技术指标（参考值）
检查室	温度要求	15～21 ℃
	湿度要求	30%～60%
控制室	温度要求	15～32 ℃
	湿度要求	30%～75%
机房	温度要求	15～26 ℃
	湿度要求	30%～75%
备注	1. 磁体间要求安装紧急排风系统（排风量大于34 m³/min），确定失超管的位置 2. 因设备间必须安装下送风、上回风系统，磁体间（上送风、上回风）不得有空调机组，故整个MR系统必须配备专用机房空调（双压缩机组）	

*最终指标数据需根据设备品牌型号确定

56. 脑磁图室

空间类别	医疗设备	房间编码
	空间及行为	
房间名称	脑磁图室	R3280103

说　明： 脑磁图室是用于检测人的颅脑周围脑磁场的功能用房。脑磁场强度很微弱，要用特殊的设备才能测知、记录。房间需有严密的电磁场屏蔽，将受检者的头部置于高敏电磁测定器中进行检测。磁体间需防止主被动干扰。本房型参照一定设备型号设置，实际房间尺度及机电要求需根据具体设备品牌型号制定。

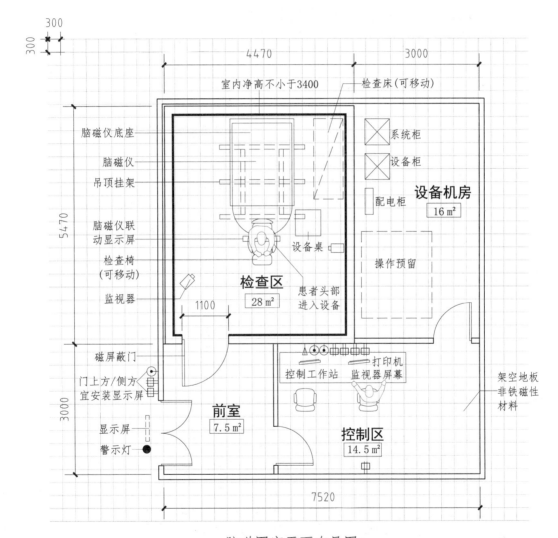

脑磁图室平面布局图

图例： ⊞电源插座　○呼叫　▷电话　◎地漏
　　　　⊙网络　T电视　□观片灯　◁感应龙头

空间类别	医疗设备	房间编码
	装备及环境	
房间名称	脑磁图室	R3280103

建筑要求	规格	
净尺寸	检查室开间×进深:4470×5470	
	面积:28 m²,屏蔽室外净高度:不小于3.4 m	
装修	屋顶应做活动吊顶,便于检修。墙地面装修应便于清洗和消毒	
	室内环境应以装修的方式创造轻松舒适的氛围,以缓解患者心理压力	
门窗	门窗为放射防护专用门窗	
安全私密	放射防护安全为设计的重要因素,需满足医护和患者两个人群的安全需求	

装备清单		数量	规格	备注
家具	工作台	2	700×1400	配套设备,尺度据产品型号
	座椅	2	526×526	带靠背、可升降、可移动
设备	工作站	2	—	包括显示器、主机
	显示屏	1	—	尺度据产品型号
	警示灯	1	—	检查期间,警示灯处于开启状态
	监控系统	1	—	用于监控患者状态
	脑磁仪	1	—	尺度据产品型号
	系统柜	1	—	尺度据产品型号
	设备柜	1	—	尺度据产品型号
	检查床	1	—	尺度据产品型号
	检查椅	1	—	尺度据产品型号

机电要求		数量	规格	备注
医疗气体	氧气(O)	—	—	
	负压(V)	—	—	
	正压(A)	1	—	详见后表
弱电	网络接口	3	RJ45	
	电话接口	1	RJ11	或综合布线
	电视接口	—	—	
	呼叫接口	1	—	语音接口,用于医患对话
强电	照明	—	照度:500 lx,色温:3300～5300 K,显色指数:不低于80	
		—	曝光功率135 kW,待机功率0.5 kW,设置设备专用PE线	
	电插座	7	220 V,50 Hz	五孔,强电细节要求见后表
	接地	1	小于1Ω	
给排水	上下水	1	安装混水器	洗手盆
	地漏	—		
暖通	湿度/%		40～80	空调系统保证常年制冷需求
	温度/℃		15～25(最佳22)	系统总散热量6 kW,温湿度细节详见后表
	净化		—	采用一定消毒方式

续表

空间类别	医疗设备	房间编码	
	装备及环境		R3280103
房间名称	脑磁图室		

屏蔽室 要求补充	技术指标（参考值）	
质量	MSR+MEG	8500 kg（按照3 m×4 m标准尺寸计算）
	平均承重	730 kg/m²
地板	地板及支架必须用非铁磁性材料制成	

运输要求	技术指标（参考值）
运输包装	2900×1780×2180

电源要求	技术指标（参考值）
强电要求	提供一个带有滤波的绝缘变压器为所有MEG设备提供电源
	MEG/EEG电子控制柜：200～240 VAC，50 A，50/60 Hz
	外围设备：200～240 VAC，15 A，50/60 Hz
地线要求	位置靠近MSR和电子控制柜，并需要良好接地

暖通要求 补充	技术指标（参考值）	
检查室	温度要求	15～21 ℃
	湿度要求	30%～60%
控制室	温度要求	15～32 ℃
	湿度要求	30%～75%
机房	温度要求	15～26 ℃
	湿度要求	30%～75%
备注	1. 磁体间要求安装紧急排风系统（排风量大于34 m³/min），确定失超管的位置 2. 设备间整个MR系统必须配备专用机房空调（双压缩机组） 3. MEG的通风道通常以非金属管道从常规通风系统中分离	

气体要求	技术指标（参考值）	
压缩空气	压力	7.6 bar工作压力，出口最大压力10.3 bar
	流量	6 m³/h（在9 bar压力下）
	空气储存罐	最小75 L
	空气过滤	在出口处安装过滤油和水的空气过滤
	备注	屏蔽室门的开闭和脑磁图系统支架及座椅驱动，如无压缩空气提供，可单独配置压缩机和空气储存罐
氦气	氦气容积量	750 L/h（9个标准瓶/年，氦气采用氦气瓶运送）
	排放管直径	不小于200，蒸发氦气用管路引至室外，室内正常无氦气
液氦	液氦消耗量	每天约13.5 L
	运输要求	液氦通常用100 L带轮容器运送

*最终指标数据需根据设备品牌型号确定

57. 血管造影 DSA 室

空间类别	医疗设备	房间编码
	空间及行为	
房间名称	血管造影DSA室	R3300301

说　明：　血管造影DSA室是用于开展多种疾病的介入诊断与治疗手术的房间。DSA设备有
　　　　　三种方式进行安装，单C落地、单C吊顶和双C，设计承重时需考虑设备安装方式。
　　　　　房间要求净化级别，房间的射线防护需经国家相关部门审核，满足相关要求。

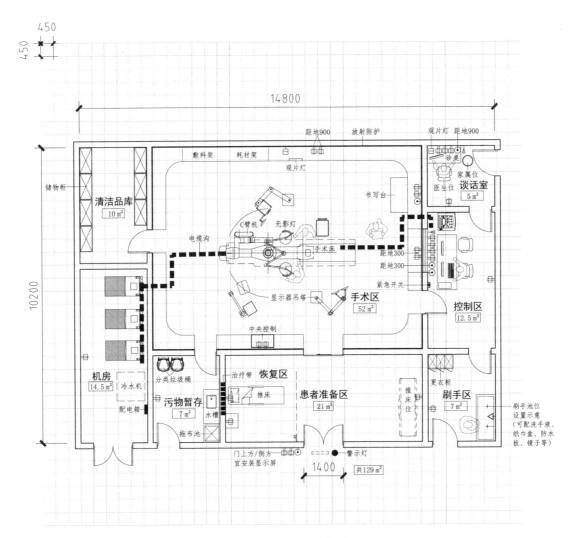

血管造影DSA室平面布局图

图例：⊞电源插座　○呼叫　▷电话　⊗地漏
　　　⊙网络　T电视　□观片灯　◁感应龙头

空间类别	医疗设备 空间及行为	房间编码
房间名称	血管造影 DSA 室	R3300301

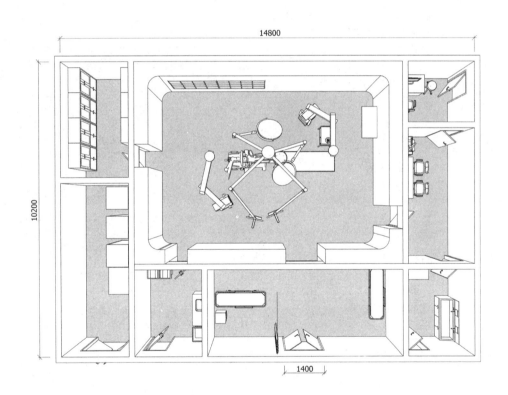

血管造影 DSA 室三维示意图

空间类别	医疗设备	房间编码
	装备及环境	
房间名称	血管造影DSA室	R3300301

建筑要求	规格
净尺寸	开间×进深：14800×10200
	面积：129 m²，高度：不小于3 m
装修	屋顶应做活动吊顶，便于检修。墙地面装修应便于清洗和消毒
	室内环境应以装修的方式创造轻松舒适的氛围，以缓解患者心理压力
门窗	门窗为放射防护专用门窗
安全私密	需设洁净度，满足感染控制要求

装备清单		数量	规格	备注
家具	书写台	1	650×800	带滑轮
	麻醉柜	1	900×450	尺度据产品型号
	器械柜	1	900×450	尺度据产品型号
	推床	2	1850×700	尺度据产品型号
	物品柜	7	900×450	尺度据产品型号
	更衣柜	1	900×450	尺度据产品型号
	分类垃圾桶	2	—	尺度据产品型号
	诊桌	1	1850×700	尺度据产品型号
	座椅	3	526×526	尺度据产品型号
	病人椅	1	380	尺度据产品型号
	刷手池	1	—	防水板、纸巾盒、洗手液、镜子（可选）
设备	显示屏	1	—	尺度据产品型号
	警示灯	1	—	检查期间，警示灯处于开启状态
	扫描床	1	2000×520×800	质量590 kg（参考）
	扫描机架	1	2300×900×2000	质量700 kg（参考）
	麻醉机	1	450×600	尺度据产品型号
	监视器吊架	1	—	质量200 kg（参考）
	吊塔	2	活动半径600~2500	承重120~200 kg（参考）
	手术灯	2~3	灯头直径720	质量38 kg，功率180 W（参考）
	机柜	3	900×600×1800	独立电缆380 V，171 kW，待机功率20 kW

机电要求		数量	规格	备注
医疗气体	氧气(O)	3	—	
	负压(V)	3	—	
	正压(A)	2	—	
弱电	网络接口	7	RJ45	
	电话接口	2	RJ11	或综合布线
	电视接口	—	—	
	呼叫接口	1	—	语音接口，用于医患对话

空间类别	医疗设备装备及环境			房间编码	
房间名称	血管造影DSA室			R3300301	

机电要求		数量	规格	备注
强电	照明	—	照度:750 lx,色温:3300～5300 K,显色指数:不低于80	
	电插座	40	220 V,50 Hz	最大参考曝光条件:80 kV,1250 mA
	接地	3	小于1Ω	手术接地小于0.2 Ω
给排水	上下水	4	感应龙头	洗手盆、刷手池、水槽等
	地漏	—	—	
暖通	湿度/%		30～60	
	温度/℃		20～24	空调系统可采用集中供应或独立供应 要保证常年制冷,温度可控
	净化		III级	

场地要求补充		技术指标(参考值)
地面	平整度要求	任意两点间水平差不超过±2 mm
	地面基础	地面基础按设备要求进行准备 主机和检查床下制作基座,用于固定主机和床
	扫描室	房间地面可整体降板,降板要求是-200 mm
电缆沟	电缆沟尺寸	(宽×深)300×200,扫描室和控制室之间需做电缆沟
运输	设备运输尺寸	2790×1160×1950
	运输质量	1060 kg(参考)
	运输通道	(宽×高)1200×2100

*最终指标数据需根据设备品牌型号确定

58. 直线加速器室（15M）

空间类别	医疗设备	房间编码
	空间及行为	
房间名称	直线加速器室（15M）	R3320101

说　明：　直线加速器室是用于癌症放射治疗的功能房间，它通过X射线和电子线对病人体内的肿瘤进行直接照射，从而达到消除或减小肿瘤的目的。本房型主要表达工艺条件要求，实际空间尺度和机电要求需根据设备具体品牌型号确定。

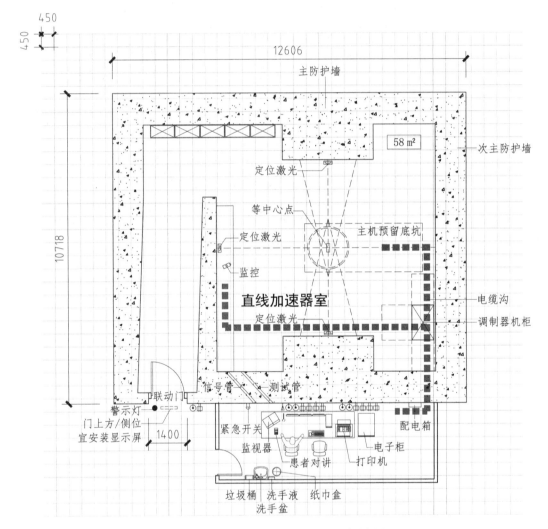

直线加速器室（15M）平面布局图

图例：　▣电源插座　○呼叫　▷电话　◉地漏
　　　　⊙网络　ⓣ电视　▢观片灯　◁感应龙头

空间类别	医疗设备装备及环境	房间编码	
房间名称	直线加速器室（15M）	R3320101	

建筑要求		规格
净尺寸		开间×进深：6100×7800
		面积：58 m²，高度：不小于3 m
装　修		室内环境应以装修的方式创造轻松舒适的氛围，以缓解患者心理压力
门　窗		治疗室：门及观察窗应为防辐射防护专业门窗。门尺度不小于1800×2200
		控制室：门尺度要求为1200×2000
安全私密		需注重放射线安全和防护，满足医护和患者两个人群的安全需求

装备清单		数量	规格	备注
家具	边台	1	5500×600	尺度据产品型号
	诊椅	2	526×526	带靠背、可升降、可移动
	储物柜	若干	900×450	尺度据产品型号
	洗手盆	1	500×450×800	防水板、纸巾盒、洗手液、镜子（可选）
设备	工作站	2	—	包括显示器、主机
	显示屏	1	—	尺度据产品型号
	警示灯	1	—	检查期间，警示灯处于开启状态
	主机	1	2667×1143×1981	电源380 V/80 A，质量4527 kg（参考）
	配重	1	1118×1143×1981	质量1717 kg（参考）
	调制器机柜	1	1219×787×1676	质量816 kg（参考）
	基架	1	4191×1676×305	质量2260 kg（参考）
	治疗床	1	2311×762×914	质量726 kg（参考）
	定位激光	4	432×140×76	电源15 A，单个耗能25 W（参考）
	监视器	1	—	尺度据产品型号
	控制台	1	4877×965×914	电子柜、控制台柜、监视器

机电要求		数量	规格	备注
弱电	网络接口	5	RJ45	自备设备连接线，电缆沟内铺设
	电话接口	1	RJ11	
	电视接口	—		
	呼叫接口	1	—	语音接口，用于医患对话
强电	照明	—	照度：300 lx，色温：3300～5300 K，显色指数：不低于85	
	设备电源	—	380 V，50 Hz	独立电缆，三相五线制
	电插座	9	220 V，50 Hz	五孔
	接地	1	—	要求设置设备专用PE线
给排水	上下水	—	—	医生手盆宜供应热水
	地漏	—	—	
暖通	湿度/%		30～70，非冷凝	
	温度/℃		22～24	空调系统要保证常年制冷
	净化		—	采用一定消毒方式

续表

空间类别	医疗设备	房间编码
	装备及环境	
房间名称	直线加速器室（15M）	R3320101

运输要求 补充	技术指标（参考值）	
设备运输	通道宽度	2286
	转弯宽度	2743
	最大尺寸	3790×1140×1980
	最大质量	6171 kg（参考）

电源要求 补充	技术指标（参考值）	
直线加速 器系统	输入电压	380 V/50 Hz，三相五线制（三相线、中性线、接地线）
	电力负荷	待机状态3 kVA，就绪状态20 kVA，射束开启状态45 kVA
	电源要求	45 kVA，功率因数0.9
	地线要求	铜线接地线最小尺寸不小于19 mm^2

冷却水 要求补充	技术指标（参考值）
冷却水	1. 从水冷机到加速器之间预留2根1英寸的铜管 2. 水冷机一侧需与备用水源和排水用三通连接好，并安装阀门 3. 建议在治疗室内设置有冷水及热水的水槽；为维修加速器内部的水冷系统和排出扫描水箱中的水，需要设有下水道

气体要求	技术指标
压缩空气	1. 应提供具有仪表级质量，在100PSI时露点为30～42 ℉（在7 kg/cm^{2}时露点为1.1～5.6 ℃）的干燥压缩空气 2. 可直接引用医院统一提供的医疗压缩空气 3. 也可设置一个专用的系统，条件是：在50 PSI下至少每分钟1立方英尺（即在3.6 kg/cm^{3}时，每小时1.7 m^3），容量为10加仑（38 L）的储气罐

*最终指标数据需根据设备品牌型号确定

59. X线模拟定位室

空间类别	医疗设备	房间编码
	空间及行为	
房间名称	X线模拟定位室	R3320201

说 明： X线模拟定位室为放疗科配套用房，房间需满足医疗行为要求及放射防护要求，实际房间尺度及机电要求需根据具体设备品牌和型号确定。

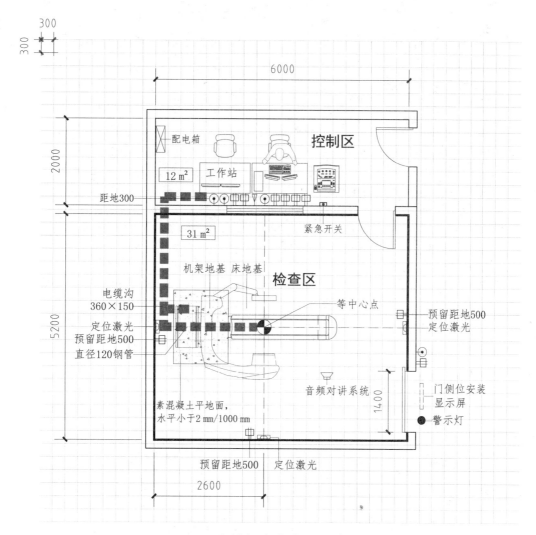

X线模拟定位室平面布局图

图例： ⊟电源插座 ⌒呼叫 ▷电话 ⊗地漏
⊙网络 T电视 ▯观片灯 ◁感应龙头

空间类别	医疗设备	房间编码
	装备及环境	
房间名称	X线模拟定位室	R3320201

建筑要求	规格
净尺寸	开间×进深：6000×5200 面积：31 m²，高度：不小于2.8 m
装修	屋顶应做活动吊顶，便于检修。墙地面装修应便于清洗和消毒 室内环境应以装修的方式创造轻松舒适的氛围，以缓解患者心理压力
门窗	门窗为放射防护专用门窗，观察窗不小于1500×800
安全私密	放射防护安全为设计的首要因素，需满足医护和患者两个人群的安全需求

装备清单		数量	规格	备注
家具	工作台	1	700×1400	CT配套设备，尺度据产品型号
	座椅	2	526×526	带靠背、可升降、可移动
设备	工作站	1	—	尺度据产品型号
	显示屏	1	—	尺度据产品型号
	警示灯	1	—	检查期间，警示灯处于开启状态
	模拟机主机	1	2285×908×2770	模拟机主机，质量1400 kg（参考）
	操作控制台	1	1080×800×954	控制台，质量90 kg（参考）
	定位床	1	2450×1600×1250	定位床，质量600 kg（参考）
	X线发生器	1	1115×400×900	尺度据产品型号
	定位灯	3	—	质量2.2 kg（参考）

机电要求		数量	规格	备注
弱电	网络接口	4	RJ45	
	电话接口	1	RJ11	或综合布线
	电视接口	—	—	
	呼叫接口	1	—	语音接口，用于医患对话
强电	照明	—	照度：300 lx，色温：3300～5300 K，显色指数：不低于80
	电插座	10	220 V，50 Hz	设备电源380 V，三相五线制，容量50 kW
	接地	1	小于1Ω	要求设置设备专用PE线
给排水	上下水	1	—	洗手盆
	地漏	—	—	
暖通	湿度/%	30～60	
	温度/℃	18～26（最佳温度22）	空调系统要保证常年制冷，温度可控
	净化	—	采用一定消毒方式

场地要求 补充		技术指标（参考值）
地面	地面基础	平整度要求任意两点间水平差不超过±2/1000
		主机和检查床下制作基座厚度200，地面可整体降板
电缆沟	电缆沟尺寸	（宽×深）360×150，扫描室和控制室之间电缆沟
运输	设备运输尺寸	2285×908×2770
	最大质量	1400 kg（参考）
	运输通道	运输路线，门宽不小于1500，门高不小于2000

60. PET-CT 室

空间类别	医疗设备	房间编码
	空间及行为	
房间名称	PET-CT室	R3330202

说 明： PET-CT室是用于肿瘤的早期诊断和良恶性鉴别的功能房间。房间观察窗设置应
能够清晰地观察到正在接受检查的病人。设备主机较重，需考虑楼板承重。房间
的射线防护设计应符合《医用X射线诊断放射防护要求》GBZ 130—2013的相关规
定，并需经国家相关部门审核通过。

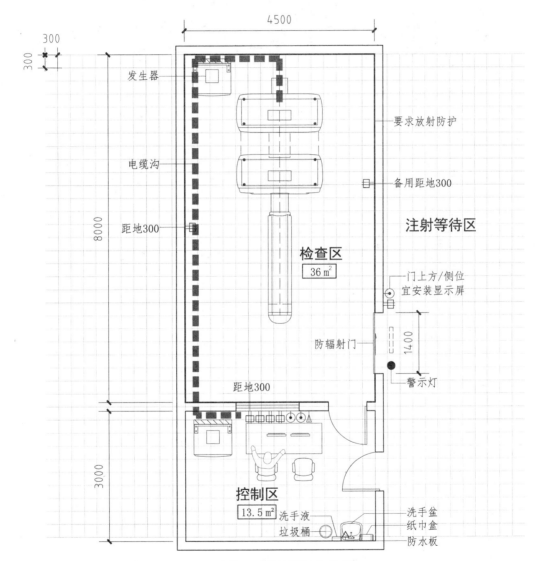

PET-CT室平面布局图

图例： ⊟电源插座 ○呼叫 ▷电话 ⊗地漏
⊙网络 Ｔ电视 ☐观片灯 ◁感应龙头

189

空间类别	医疗设备	房间编码
	装备及环境	
房间名称	PET-CT室	R3330202

建筑要求		规格
净尺寸		开间×进深:11300×5000
		面积:54.5 m², 高度:不小于2.8 m
装修		屋顶应做活动吊顶,便于检修。墙地面装修应便于清洗和消毒
		室内环境应以装修的方式创造轻松舒适的氛围,以缓解患者心理压力
门窗		门窗为放射防护专用门窗,观察窗不小于1200×800
安全私密		需注重放射防护和同位素辐射防护,满足医患两个人群的安全需求

装备清单		数量	规格	备注
家具	工作站	1	700×2000	配套设备,尺度据产品型号
	座椅	2	526×526	带靠背、可升降、可移动
	洗手盆	1	500×450×800	防水板、纸巾盒、洗手液、镜子(可选)
设备	显示屏	1	—	尺度据产品型号
	警示灯	1	—	检查期间,警示灯处于开启状态
	CT机架	1	2280×940×1983	质量1902 kg(参考)
	PET机架	1	2280×940×1983	质量1065 kg(参考)
	检查床	1	2434×674×550	质量566 kg(参考)
	发生器机柜	1	1300×860×610	质量529 kg,功率60 kW(参考)

机电要求		数量	规格	备注
弱电	网络接口	3	RJ45	
	电话接口	1	RJ11	或综合布线
	电视接口	—		
	呼叫接口	1	—	语音接口,用于医患对话
强电	照明	—	照度:200 lx, 色温:3300~5300 K, 显色指数:不低于80	
		—	最高功率150 kW,待机功率25 kW,三相五线制	
	电插座	9	220 V, 50 Hz	五孔
	接地	1	小于1Ω	要求设置设备专用PE线
给排水	上下水	1		洗手盆
	地漏	—		
暖通	湿度/%		30~60, 无冷凝结霜现象	
	温度/℃		20~24	空调系统要保证常年制冷,温度可控
	净化		—	采用一定消毒方式

场地要求补充		技术指标(参考值)
地面	地面基础	平整度要求任意两点间水平差不超过±2/1000
		主机和检查床下制作基座厚度200,地面可整体降板
电缆沟	电缆沟尺寸	(宽×深)200×100,扫描室和控制室之间电缆沟
运输	设备运输尺寸	3136×1480×2100
	最大质量	1902 kg(参考)
	运输通道	(宽×高)2000×2100

61. 骨密度检查室

空间类别	医疗设备	房间编码
	空间及行为	
房间名称	骨密度检查室	R3330203

说　明：骨密度检查室是通过骨密度仪对患者骨密度指标进行检测的场所。通过专用设备可检测不同部位的骨骼密度，如：双能X线全身骨密度仪、超声骨密度仪。其中X线骨密度仪对房间有放射防护要求。

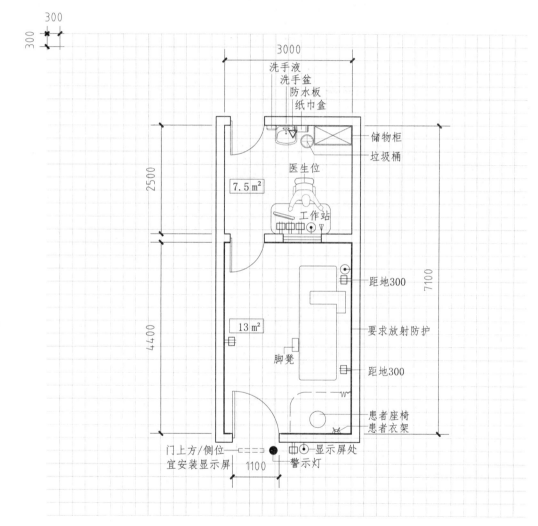

骨密度检查室平面布局图

图例： ⊟电源插座 ◯呼叫 ▷电话 ⊗地漏

⊙网络 Ｔ电视 □观片灯 ◁感应龙头

空间类别	医疗设备 空间及行为	房间编码
房间名称	骨密度检查室	R3330203

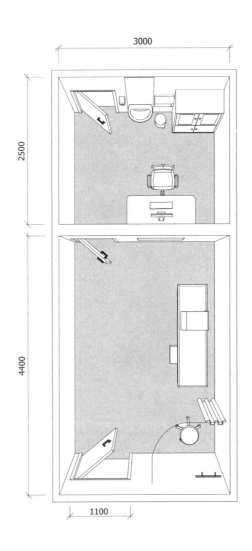

骨密度检查室三维示意图

空间类别	医疗设备 装备及环境	房间编码
房间名称	骨密度检查室	R3330203

建筑要求	规格
净尺寸	开间×进深:3000×4400+3000×2500 面积:20.5 m²，高度:不小于2.6 m
装修	屋顶应做活动吊顶，便于检修。墙地面装修应便于清洗和消毒 室内环境应以装修的方式创造轻松舒适的氛围，以缓解患者心理压力
门窗	门窗为放射防护专用门窗
安全私密	放射防护安全为设计的重要因素，需满足医护和患者两个人群的安全需求

装备清单		数量	规格	备注
家具	诊桌	1	1400×700	宜圆角
	诊椅	1	526×526	带靠背、可升降、可移动
	脚凳	1	200	高度
	圆凳	1	380	直径
	衣架	1	—	尺度据产品型号
	储物柜	1	700×1850	宜安装一次性床垫卷筒纸
	帘轨	1	—	尺度据产品型号
	洗手盆	1	500×450×800	防水板、纸巾盒、洗手液、镜子（可选）
	垃圾桶	1	300	直径
设备	工作站	1	—	包括显示器、主机、打印机
	显示屏	1	—	尺度据产品型号
	骨密度仪	1	2630×1098×1283	双能X线骨密度仪，质量272 kg（参考）

机电要求		数量	规格	备注
医疗 气体	氧气(O)	—	—	
	负压(V)	—	—	
	正压(A)	—	—	
弱电	网络接口	3	RJ45	
	电话接口	1	RJ11	或综合布线
	电视接口	—	—	
	呼叫接口	—	—	
强电	照明	—	照度:300 lx，色温:3300～5300 K，显色指数:不低于80	
	电插座	8	220 V，50 Hz	五孔
	接地	1	小于1Ω	
给排水	上下水	1	安装混水器	洗手盆
	地漏	—		
暖通	湿度/%	30～65		
	温度/℃	22～26		
	净化	—		采用一定消毒方式

62. 口腔科诊室

空间类别	医疗设备	房间编码
	空间及行为	
房间名称	口腔科诊室	R3550301

说　明： 口腔科诊室是口腔专科工作场所，医生一般需要借助专业牙椅对患者进行检查和治疗，空间一般需要考虑一名医生和一名护士共同参与检查治疗（满足四手操作）。口腔科诊室可以是单独房间，也可以是开放空间分出隔断诊间。本房型医疗行为布局为较常用方式，可根据具体医疗行为特点和业务情况进行调整。

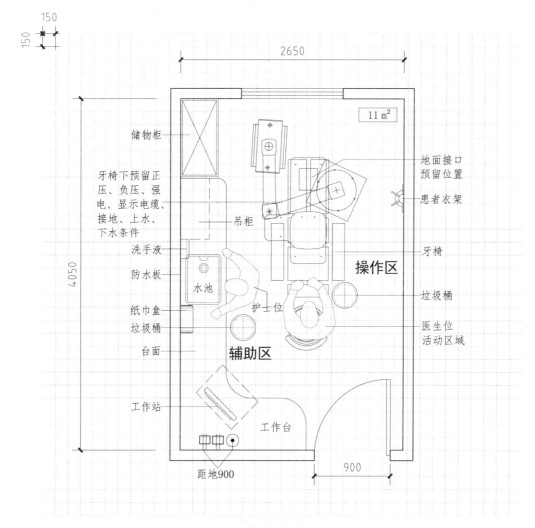

口腔科诊室平面布局图

图例： ⊟电源插座　⌒呼叫　▷电话　⊗地漏
　　　　⊙网络　Ｔ电视　□观片灯　◁感应龙头

空间类别	医疗设备 空间及行为	房间编码
房间名称	口腔科诊室	R3550301

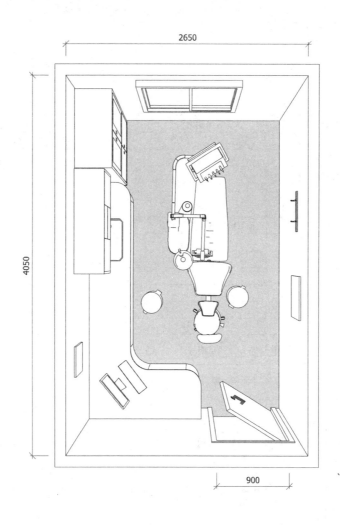

口腔科诊室三维示意图

空间类别	医疗设备		房间编码	
	装备及环境			
房间名称	口腔科诊室		R3550301	

建筑要求	规格
净尺寸	开间×进深:2650×4050
	面积:11 m²,高度:不小于2.6 m
装修	墙地面材料应便于清扫、冲洗,不污染环境
	屋顶应采用吸音材料
门窗	门宜设置非通视采光窗,U形门把手,窗户设置应保证自然采光和通风的需要
安全私密	房间如果为落地窗,应设置安全栏杆保护医患安全

装备清单		数量	规格	备注
家具	边台	1	—	宜圆角
	吊柜	1	—	宜圆角
	座椅	1	526×526	带靠背、可升降、可移动
	水池	1	500×450×800	尺度据产品型号
	垃圾桶	1	300	直径
	衣架	1	—	尺度据产品型号
设备	工作站	1	—	包括显示器、主机、打印机
	牙椅	1	2070×1540×1870	尺度据产品型号

机电要求		数量	规格	备注
医疗气体	氧气(O)	—	—	
	负压(V)	1	—	牙椅专用
	正压(A)	1	—	牙椅专用
弱电	网络接口	1	RJ45	
	电话接口	1	RJ11	或综合布线
	电视接口	—	—	
	呼叫接口	—	—	
强电	照明	—	照度:300 lx,色温:3300~5300 K,显色指数:不低于85	
	电插座	2	220 V,50 Hz	五孔
	接地	1	小于1Ω	牙椅
给排水	上下水	2	—	水槽、牙椅
	地漏	—	—	
暖通	湿度/%		30~60	
	温度/℃		18~26	宜优先采用自然通风
	净化		—	

63.倾斜试验室

空间类别	医疗设备	房间编码
	空间及行为	
房间名称	倾斜试验室	R3560201

说 明: 倾斜试验室是用于检查静脉血管是否正常的功能房间。检查房间应安静,光线稍暗。检查前患者禁食,检查期间应连续监测患者动脉压、心电等体征参数,需配备复苏设备。主要设备包括心电仪、血压监测设备及直立倾斜床,房间尺度需根据开展的业务确定。

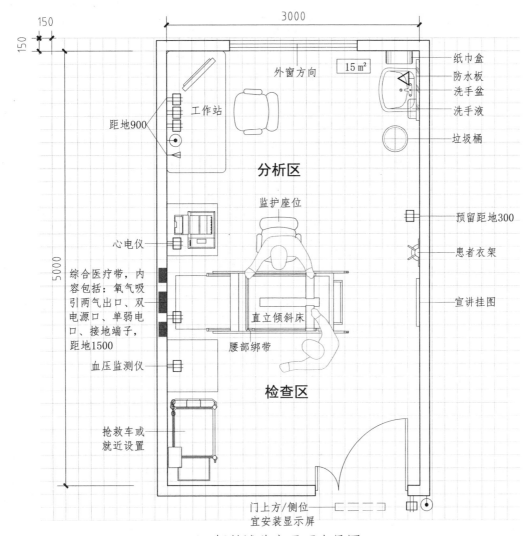

倾斜试验室平面布局图

图例: ⊟电源插座 ◯呼叫 ▷电话 ⊛地漏
◉网络 Ｔ电视 ☐观片灯 ◁感应龙头

空间类别	医疗设备 空间及行为	房间编码
房间名称	倾斜试验室	R3560201

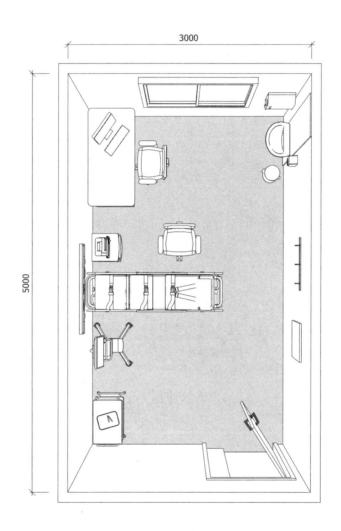

倾斜试验室三维示意图

空间类别	医疗设备	房间编码
	装备及环境	
房间名称	倾斜试验室	R3560201

建筑要求	规格
净尺寸	开间×进深:3000×5000
	面积:15 m²，高度:不小于2.6 m
装修	墙地面材料应便于清扫、擦洗，不污染环境
	屋顶应采用吸音材料
门窗	门宜设置非通视采光窗，U形门把手。窗户设置应保证自然采光和通风的需要
安全私密	房间如果为落地窗，应设置安全栏杆保护医患安全

装备清单		数量	规格	备注
家具	诊桌	1	1400×700	宜圆角
	洗手盆	1	500×450×800	防水板、纸巾盒、洗手液、镜子（可选）
	垃圾桶	1	300	直径
	座椅	2	526×526	带靠背、可升降、可移动
	衣架	1	—	尺度据产品型号
设备	工作站	1	—	包括显示器、主机、打印机
	治疗带	1	—	尺度据产品型号
	心电仪	1	346×335×116	十二道自动分析心电图机
	血压监测仪	1	350×244×387	身心监护设备
	直立倾斜床	1	2000×800×600	功率90 W，质量100 kg，倾角0~90°
	抢救车	1	600×475×960	尺度据产品型号
	显示屏	1	—	尺度据产品型号

机电要求		数量	规格	备注
医疗气体	氧气(O)	1	—	
	负压(V)	1	—	
	正压(A)	—	—	
弱电	网络接口	3	RJ45	
	电话接口	1	RJ11	或综合布线
	电视接口	—	—	
	呼叫接口	—	—	
强电	照明	—	照度:300 lx，色温:3300~5300 K，显色指数:不低于80	
	电插座	11	220 V，50 Hz	五孔
	接地	1	小于1Ω	
给排水	上下水	1	安装混水器	洗手盆
	地漏	—		
暖通	湿度/%		30~60	
	温度/℃		18~26	宜优先采用自然通风
	净化		—	

64. 口腔清洗消毒室

空间类别	医疗设备	房间编码
	空间及行为	
房间名称	口腔清洗消毒室	R3570602

说　明：　口腔清洗消毒室为口腔科常规配套功能房间，用于对口腔科手机、手钻、手镜等的高温消毒灭菌，配备高温蒸汽灭菌设备，需设置机械排风系统排除蒸汽、潮湿空气。口腔消毒设备多采用电蒸汽供应，如有条件可选用集中蒸汽供应。房间尺度需根据消毒量及设备数量确定。

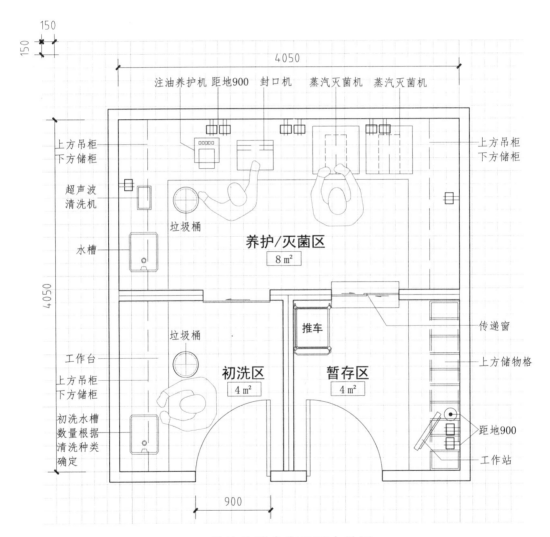

口腔清洗消毒室平面布局图

图例：⊟电源插座　⌒呼叫　▷电话　⊗地漏
　　　⊙网络　Ｔ电视　□观片灯　◁感应龙头

空间类别	医疗设备 空间及行为	房间编码
房间名称	口腔清洗消毒室	R3570602

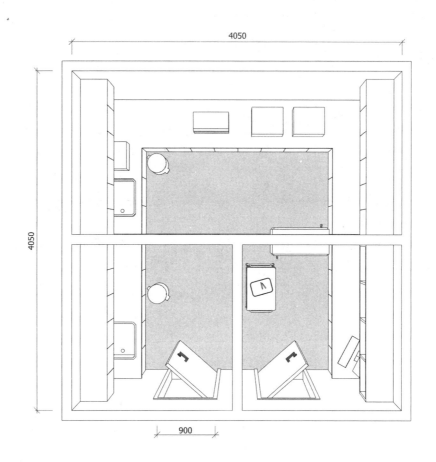

口腔清洗消毒室三维示意图

空间类别	医疗设备	房间编码
	装备及环境	
房间名称	口腔清洗消毒室	R3570602

建筑要求	规格
净尺寸	开间×进深:4050×4050
	面积:16 m², 高度:不小于2.6 m
装修	墙地面材料应便于清扫、冲洗,不污染环境
	屋顶应采用吸音材料
门窗	—
安全私密	—

装备清单		数量	规格	备注
家具	边台	3	—	下方储柜,上方吊柜
	水槽	2	620×450×260	尺度据产品型号
	垃圾桶	2	300	直径
	推车	1	600×475×960	尺度据产品型号
设备	工作站	1	—	包括显示器、主机、打印机
	超声波清洗	1	270×170×240	内槽容量3 L,功率120 W(参考)
	注油养护机	1	282×300×370	功率220 V,12 W(参考)
	蒸汽灭菌机	2	442×307×460	功率1350 W,容积7.5 L,预留16 A插座
	封口机	1	620×150×265	功率500 W,质量15 kg,封口宽度250

机电要求		数量	规格	备注
医疗气体	氧气(O)	—	—	
	负压(V)	—	—	
	正压(A)	—	—	
弱电	网络接口	1	RJ45	
	电话接口	—	—	
	电视接口	—	—	
	呼叫接口	—	—	
强电	照明	—	照度:300 lx,色温:3300~5300 K,显色指数:不低于80	
	电插座	10	220 V,50 Hz	五孔
	接地	—	小于1Ω	
给排水	上下水	3	—	水槽
	地漏	—	—	
暖通	湿度/%		30~60	
	温度/℃		20~23	宜优先采用自然通风
	净化		—	采用一定消毒方式

65. 亚低温治疗病房

空间类别	医疗设备	房间编码
	空间及行为	
房间名称	亚低温治疗病房	R3580101

说　明：亚低温治疗病房是神经内科、外科的病区功能用房。亚低温（30～35℃）治疗以全身或局部体表降温术和中度低温较为常用。在脑卒中、脑缺血、脑缺氧、脑出血等患者治疗中运用。根据医疗行为特点，需要设置护士监护区。

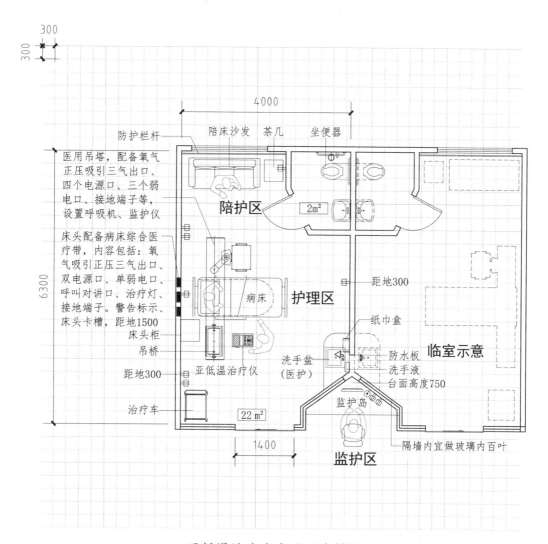

亚低温治疗病房平面布局图

图例：⊟电源插座　◯呼叫　▷电话　⊗地漏
　　　◉网络　Ⓣ电视　⊡观片灯　◁感应龙头

空间类别	医疗设备 空间及行为	房间编码
房间名称	亚低温治疗病房	R3580101

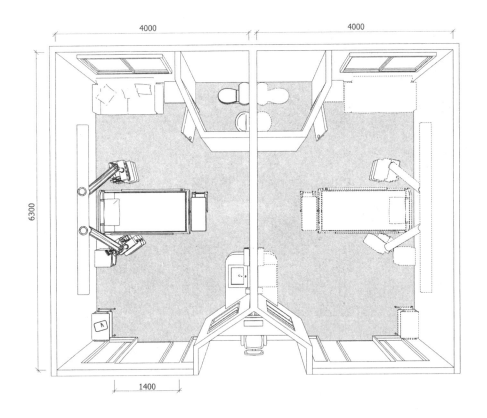

亚低温治疗病房三维示意图

空间类别	医疗设备 装备及环境	房间编码
房间名称	亚低温治疗病房	R3580101

建筑要求	规格		
净尺寸	开间×进深:4000×6300 面积:24 m²,高度:不小于2.8 m		
装修	墙地面材料应便于清扫,不污染环境 —		
门窗	门应设置非通视窗采光,U形门把手。窗户设置应保证自然采光和通风的需要		
安全私密	需设隔帘保护患者隐私,房间如果为落地窗,应设置安全栏杆保护医患安全		

装备清单		数量	规格	备注
家具	床头柜	1	450×600	宜圆角
	输液吊轨	1	—	尺度据床位
	边台	1	—	尺度据产品型号
	座椅	1	526×526	带靠背、可升降、可移动
	洗手盆	1	500×450×800	防水板、纸巾盒、洗手液、镜子(可选)
	卫厕	1	—	配置水盆、坐便器、防护扶手等
	陪床沙发	1	—	尺度据产品型号
设备	桥式吊塔	1	—	尺度据产品型号
	病床	1	900×2100	升降电动
	医疗带	1	—	尺度据产品型号
	亚低温治疗仪	1	500×300×900	冰毯亚低温治疗仪,控温范围12~38 ℃

机电要求		数量	规格	备注
医疗气体	氧气(O)	3	—	
	负压(V)	3	—	
	正压(A)	3	—	
弱电	网络接口	9	RJ45	
	电话接口	—		
	电视接口	—		
	呼叫接口	2	据呼叫系统型号	
强电	照明	—	照度:100 lx,色温:3300~5300 K,显色指数:不低于80	
		—	夜间床头部位照度不宜大于0.1 lx	
	电插座	20	220 V,50 Hz	五孔
	接地	2	小于1Ω	设在卫生间、医疗带
给排水	上下水	3	—	
	地漏	—	—	
暖通	湿度/%		30~60	
	温度/℃		20~27	
	净化		—	采用一定消毒方式

66. 临检室

空间类别	加工实验 空间及行为	房间编码
房间名称	临检室	R4020201

说明： 临检室是对病人的血、尿、便样本进行常规检验的场所。房间内分隔为接收区、检验区、清洁区。检验过程中样品由接收窗送入，通过院内网络系统上传检验数据。房间需设置排风系统，并采取一定的空气消毒方式。设备数量和布置需根据项目实际情况设定。

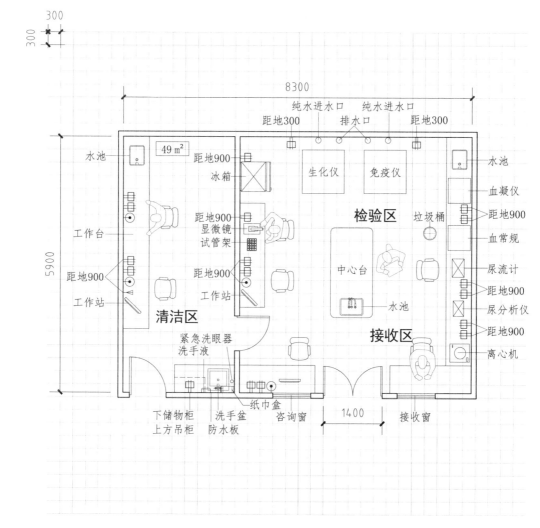

临检室平面布局图

图例： ⊟电源插座   ○呼叫   ▷电话   ⊗地漏
　　　　⊙网络   ⊤电视   □观片灯   ◁感应龙头

空间类别	加工实验 空间及行为	房间编码
房间名称	临检室	R4020201

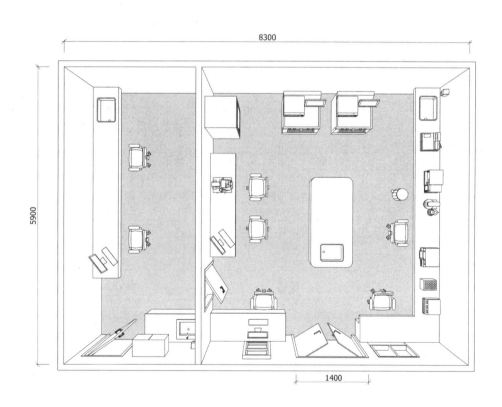

临检室三维示意图

空间类别	加工实验	房间编码
	装备及环境	
房间名称	临检室	R4020201

建筑要求	规格
净尺寸	开间×进深:8300×5900
	面积:49 m², 高度:不小于2.6 m
装修	墙地面材料应便于清扫,不污染环境
	屋顶应采用吸音材料,采取噪声控制
门窗	宜设外窗,满足自然通风条件
安全私密	需设紧急洗眼装置

装备清单		数量	规格	备注
家具	操作台	3	—	整体式操作台
	座椅	7	526×526	带靠背、可升降、可移动
	水池	3	500×450	尺度据产品型号
	垃圾桶	2	300	直径
	试管架	若干	—	数量据实际需求设置
	洗手盆	1	500×450×800	防水板、纸巾盒、洗手液、镜子(可选)
设备	工作站	1	—	包括显示器、主机、打印机
	显微镜	1	367×233×411	尺度据产品型号
	离心机	1	530×430×330	功率小于1000 W(参考)
	尿分析仪	1	280×340×230	功率300 W(参考)
	尿流计	1	510×615×687	功率500 W,质量67 kg(参考)
	血液分析仪	1	680×700×850	功率500 W,质量125 kg(参考)
	免疫仪	1	1550×1245×1219	尺度据产品型号
	生化仪	1	1600×850×1200	尺度据产品型号

机电要求		数量	规格	备注
医疗气体	氧气(O)	—	—	
	负压(V)	—	—	
	正压(A)	—	—	
弱电	网络接口	4	RJ45	
	电话接口	1	RJ11	或综合布线
	电视接口	—		
	呼叫接口	—		
强电	照明	—	照度:500 lx,色温:3300～5300 K,显色指数:不低于85	
	电插座	19	220 V,50 Hz	五孔
	接地	—		
给排水	上下水	5	检验需纯水	洗手盆、水池、检验设备
	地漏	—		
暖通	湿度/%		30～65	
	温度/℃		22～26	宜优先采用自然通风
	净化		—	设排风系统,采用一定消毒方式

67. 荧光免疫室

空间类别	加工实验	房间编码
	空间及行为	
房间名称	荧光免疫室	R4020402

说　明：　荧光免疫室是用于检测或定位各种抗原、抗体的功能房间。根据医疗行为特点，
　　　　　分为储存区和检测区，房间需一定空气消毒方式。设备数量和布置需根据项目
　　　　　实际情况设定。

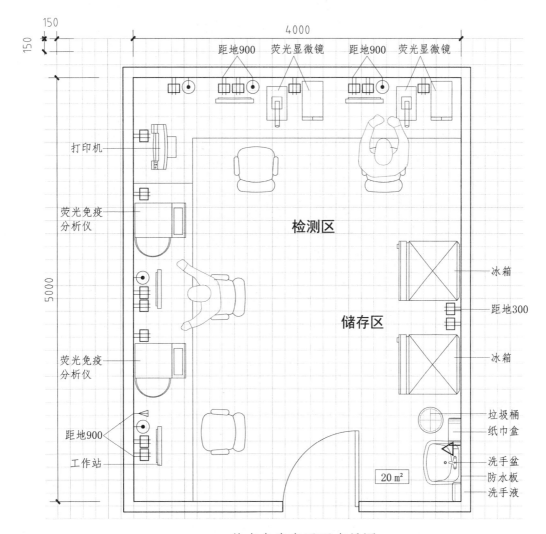

荧光免疫室平面布局图

图例：⊟电源插座 ○呼叫 ▷电话 ◈地漏

　　　⊙网络 T电视 □观片灯 ◁感应龙头

空间类别	加工实验 空间及行为	房间编码
房间名称	荧光免疫室	R4020402

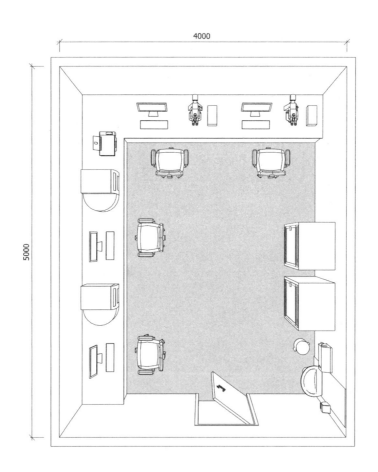

荧光免疫室三维示意图

空间类别	加工实验	房间编码	
	装备及环境		
房间名称	荧光免疫室	R4020402	

建筑要求	规格
净尺寸	开间×进深：4000×5000 面积：20 m²，高度：不小于2.6 m
装修	墙地面材料应便于清扫，不污染环境
门窗	—
安全私密	—

装备清单		数量	规格	备注
家具	操作台	2	4000×700	尺度据产品型号
	座椅	4	526×526	带靠背、可升降、可移动
	洗手盆	1	500×450×800	防水板、纸巾盒、洗手液、镜子（可选）
	垃圾桶	1	300	直径
设备	工作站	4	—	包括显示器、主机
	荧光免疫仪	2	586×526×780	功率500 W，质量25 kg（参考）
	荧光显微镜	2	367×233×411	质量8 kg（参考）
	冰箱	1	525×475×1208	尺度据产品型号
	打印机	1	400×250×298	尺度据产品型号

机电要求		数量	规格	备注
医疗气体	氧气(O)	—	—	
	负压(V)	—	—	
	正压(A)	—	—	
弱电	网络接口	5	RJ45	
	电话接口	1	RJ11	或综合布线
	电视接口	—	—	
	呼叫接口	—	—	
强电	照明	—	照度：500 lx，色温：3300～5300 K，显色指数：不低于80
	电插座	17	220 V，50 Hz	五孔
	接地			
给排水	上下水	1	感应龙头	洗手盆
	地漏	—		
暖通	湿度/%		30～65	
	温度/℃		22～26	宜优先采用自然通风
	净化		—	采用一定消毒方式

68. 酶标仪室

空间类别	加工实验	房间编码
	空间及行为	
房间名称	酶标仪室	R4020403

说　明：　酶标仪室是酶联免疫实验的功能房间，是采用比色法对样本进行分析，通过吸光度值的大小判断标本中待测抗体或抗原的浓度，为免疫诊断等提供依据。常规配置为酶标仪、洗板机、工作站等，可根据需要设置生物安全柜。设备数量和布置需根据项目实际情况设定。

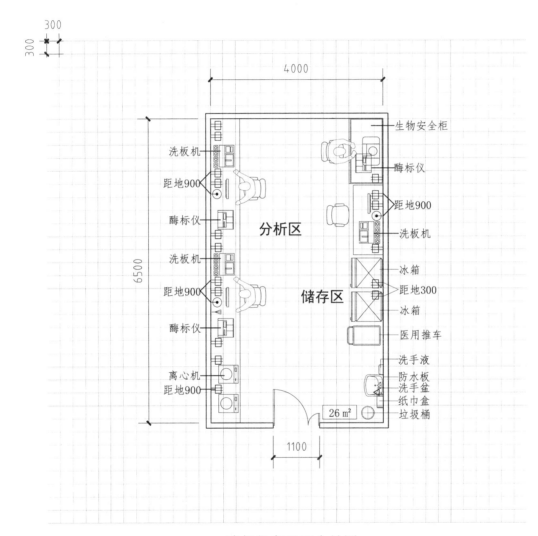

酶标仪室平面布局图

图例：⊟电源插座　⟃呼叫　▷电话　⊛地漏
　　　⊙网络　丅电视　▢观片灯　◁感应龙头

空间类别	加工实验 空间及行为	房间编码
房间名称	酶标仪室	R4020403

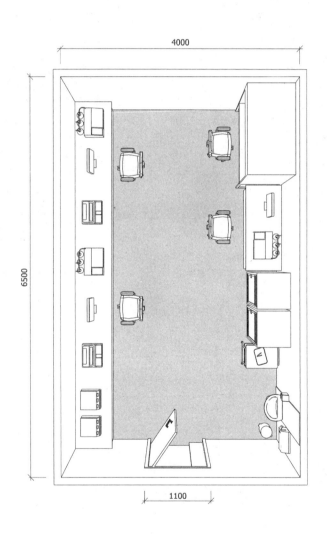

酶标仪室三维示意图

空间类别	加工实验	房间编码	
	装备及环境		R4020403
房间名称	酶标仪室		

建筑要求		规格
净尺寸		开间×进深：4000×6500
		面积：26 m²，高度：不小于2.6 m
装修		墙地面材料应便于清扫，不污染环境
		—
门窗		—
安全私密		—

装备清单		数量	规格	备注
家具	操作台	2	—	尺度据产品型号
	座椅	6	526×526	带靠背、可升降、可移动
	洗手盆	1	500×450×800	防水板、纸巾盒、洗手液、镜子（可选）
	垃圾桶	1	300	直径
	医用推车	1	650×475×900	尺度据产品型号
设备	工作站	3	—	包括显示器、主机
	生物安全柜	1	1420×815×1540	功率690 W，质量283 kg（参考）
	洗板机	3	709×430×226	质量15 kg（参考）
	酶标仪	3	430×370×180	质量13.7 kg（参考）
	冰箱	2	525×475×1208	尺度据产品型号
	离心机	2	530×430×330	功率小于1000 W（参考）

机电要求		数量	规格	备注
医疗气体	氧气(O)	—	—	
	负压(V)	—	—	
	正压(A)	—	—	
弱电	网络接口	3	RJ45	
	电话接口	1	RJ11	或综合布线
	电视接口	—		
	呼叫接口	—		
强电	照明	—	照度：500 lx，色温：3300～5300 K，显色指数：不低于80	
	电插座	18	220 V，50 Hz	五孔
	接地	—	—	
给排水	上下水	1	感应龙头	洗手盆
	地漏	—		
暖通	湿度/%		30～65	
	温度/℃		22～26	宜优先采用自然通风
	净化		—	采用一定消毒方式

69. 真菌实验室

空间类别	加工实验	房间编码
	空间及行为	
房间名称	真菌实验室	R4020501

说　明： 真菌实验室用于真菌培养及检验。房间需设置缓冲区，防止污染。本房型为单室布局，分为缓冲区、培养区和鉴定分析区，此房间相对相邻房间为负压状态。常规配置有生物安全柜、摇床、培养箱、鉴定仪等。设备数量及布置需根据项目实际情况设定。

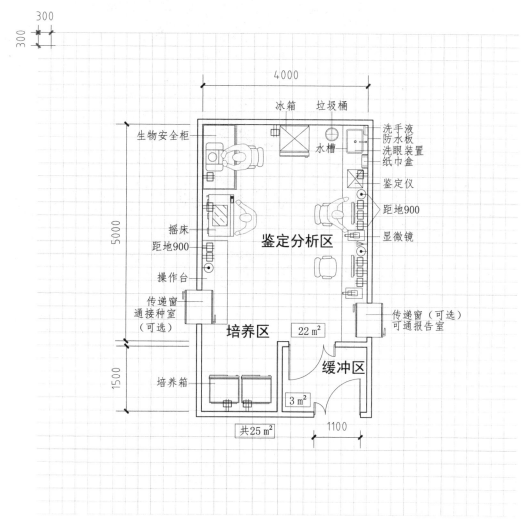

真菌实验室平面布局图

图例： ⊟电源插座　◯呼叫　▷电话　⊗地漏
⊙网络　T电视　⊡观片灯　◁感应龙头

空间类别	加工实验 空间及行为	房间编码
房间名称	真菌实验室	R4020501

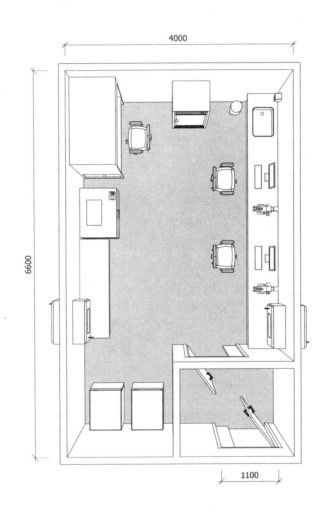

真菌实验室三维示意图

空间类别	加工实验		房间编码	
	装备及环境			
房间名称	真菌实验室		R4020501	

建筑要求		规格
净尺寸		开间×进深:4000×6620
		面积:25 m²,高度:不小于2.6 m
装修		墙地面材料应便于清扫,不污染环境
		墙、顶和地面的装饰应采用抑菌材料,且能够擦洗
门窗		门应采用气密门
安全私密		—

装备清单		数量	规格	备注
家具	操作台	2	—	尺度据产品型号
	座椅	4	526×526	带靠背、可升降、可移动
	水槽	1	620×450×260	防水板、纸巾盒、洗手液、镜子(可选)
设备	工作站	2	—	包括显示器、主机
	培养箱	2	637×768×869	功率650 W,质量72 kg(参考)
	显微镜	2	367×233×411	质量8 kg(参考)
	传递窗	2	760×660×660	功率750 W(参考)
	生物安全柜	1	1420×815×1540	功率690 W,质量283 kg(参考)
	冰箱	1	525×475×1208	尺度据产品型号
	细菌鉴定仪	1	440×360×200	质量15 kg(参考)
	离心机	1	530×430×330	功率小于1000 W(参考)
	摇床	1	530×530×546	质量38 kg(参考)

机电要求		数量	规格	备注
医疗气体	氧气(O)	—	—	
	负压(V)	—	—	
	正压(A)	—	—	
弱电	网络接口	3	RJ45	
	电话接口	1	RJ11	或综合布线
	电视接口	—		
	呼叫接口	—		
强电	照明	—	照度:500 lx,色温:3300~5300 K,显色指数:不低于80	
	电插座	14	220 V,50 Hz	五孔
	接地	—		
给排水	上下水	1	安装混水器	水槽
	地漏	—		
暖通	湿度/%		30~65	
	温度/℃		22~26	设机械排风,满足实验操作室负压需求
	净化		—	采用一定消毒方式

70. 寄生虫实验室

空间类别	加工实验	房间编码
	空间及行为	
房间名称	寄生虫实验室	R4020502

说　明：　寄生虫实验室用于常见寄生虫检验，主要是病原学诊断。根据医疗行为特点，
分为粪便检查区、分泌物检查区、血液制片区和分析诊断区。常规配置为离心
机、显微镜等，设备数量及布置需根据项目实际情况设定。

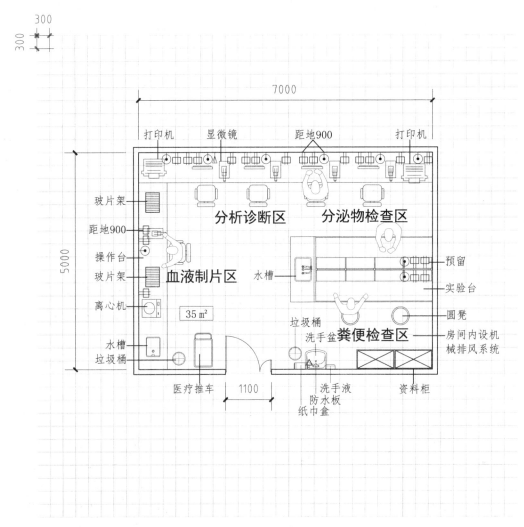

寄生虫实验室平面布局图

图例：⊟电源插座　⊖呼叫　▷电话　⊗地漏
⊙网络　T电视　□观片灯　◁感应龙头

空间类别	加工实验空间及行为	房间编码
房间名称	寄生虫实验室	R4020502

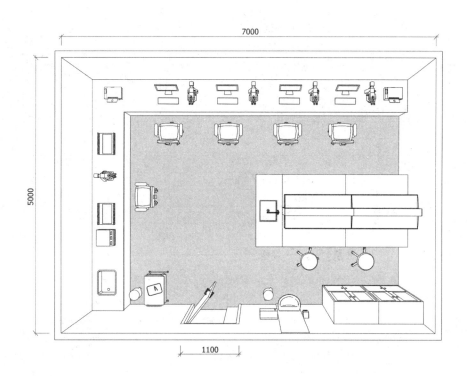

寄生虫实验室三维示意图

空间类别	加工实验	房间编码
	装备及环境	
房间名称	寄生虫实验室	R4020502

建筑要求	规格
净尺寸	开间×进深:7000×5000 面积: 35 ㎡,高度:不小于2.6 m
装修	墙地面材料应便于清扫,不污染环境 —
门窗	—
安全私密	—

装备清单		数量	规格	备注
家具	操作台	2	—	尺度据产品型号
	座椅	5	526×526	带靠背、可升降、可移动
	洗手盆	1	500×450×800	防水板、纸巾盒、洗手液、镜子(可选)
	圆凳	2	380	直径
	水槽	2	620×450×260	尺度据产品型号
	实验台	1	—	尺度据产品型号
	储物柜	1	900×450	尺度据产品型号
	垃圾桶	2	300	直径
	医用推车	1	600×475×960	尺度据产品型号
设备	工作站	4	—	尺度据产品型号
	离心机	1	530×430×330	功率小于1000 W(参考)
	显微镜	5	367×233×411	质量8 kg(参考)
	打印机	2	400×250×298	尺度据产品型号

机电要求		数量	规格	备注
医疗气体	氧气(O)	—	—	
	负压(V)	—	—	
	正压(A)	—	—	
弱电	网络接口	9	RJ45	
	电话接口	1	RJ11	或综合布线
	电视接口	—	—	
	呼叫接口	—	—	
强电	照明	—	照度:500 lx,色温:3300～5300 K,显色指数:不低于80	
	电插座	22	220 V,50 Hz	五孔
	接地	—	—	
给排水	上下水	3	感应龙头	洗手盆、水槽
	地漏	—	—	
暖通	湿度/%		30～65	
	温度/℃		22～26	宜优先采用自然通风
	净化		—	采用一定消毒方式

71. 流式细胞室

空间类别	加工实验	房间编码
	空间及行为	
房间名称	流式细胞室	R4020601

说　明：　流式细胞室是检验病人细胞中的DNA或特异蛋白含量的功能房间。根据医疗行为
特点，分为储存区、检验区和分析区。 常规配置有流式细胞分析系统、水浴箱
等。设备数量及布置可根据项目实际情况设定。

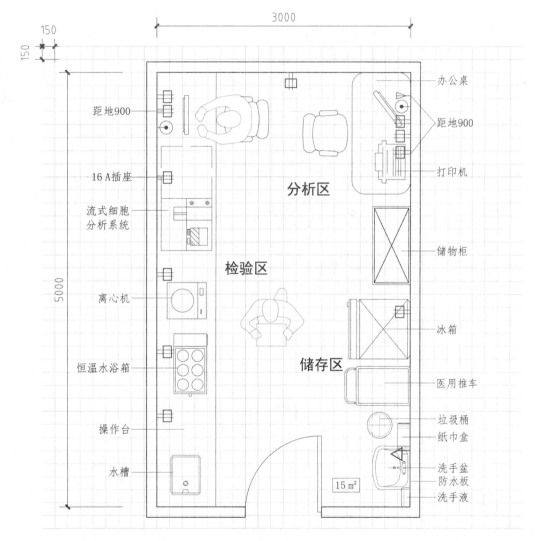

流式细胞室平面布局图

图例：电源插座　呼叫　电话　地漏
网络　电视　观片灯　感应龙头

空间类别	加工实验 空间及行为	房间编码
房间名称	流式细胞室	R4020601

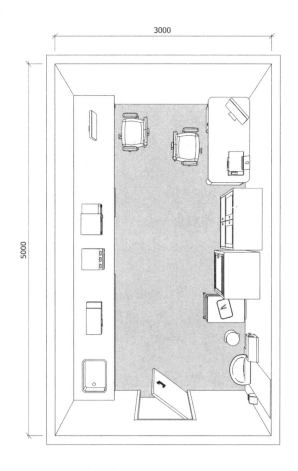

流式细胞室三维示意图

空间类别	加工实验	房间编码	
	装备及环境		
房间名称	流式细胞室	R4020601	

建筑要求	规格
净尺寸	开间×进深:3000×5000
	面积:15 m², 高度:不小于2.6 m
装修	墙地面材料应便于清扫, 不污染环境
门窗	—
安全私密	—

装备清单		数量	规格	备注
家具	操作台	1	—	尺度据产品型号
	座椅	2	526×526	带靠背、可升降、可移动
	洗手盆	1	500×450×800	防水板、纸巾盒、洗手液、镜子（可选）
	垃圾桶	1	300	直径
	办公桌	1	1400×700×750	尺度据产品型号
	储物柜	1	900×450	尺度据产品型号
	医用推车	1	600×475×960	尺度据产品型号
设备	工作站	4	—	包括显示器、主机
	打印机	1	400×250×298	尺度据产品型号
	冰箱	1	525×475×1208	尺度据产品型号
	流式细胞仪	1	1220×710×710	功率1.5 kW, 质量181.4 kg（参考）
	离心机	1	530×430×330	功率小于1000 W（参考）
	水浴箱	1	690×390×190	功率1.5 kW（参考）

机电要求		数量	规格	备注
医疗气体	氧气(O)	—	—	
	负压(V)	—	—	
	正压(A)	—	—	
弱电	网络接口	2	RJ45	
	电话接口	1	RJ11	或综合布线
	电视接口	—	—	
	呼叫接口	—	—	
强电	照明	—	照度:500 lx, 色温:3300~5300 K, 显色指数:不低于80	
	电插座	12	220 V, 50 Hz	五孔
	接地	—		
给排水	上下水	2	感应龙头	洗手盆、水槽
	地漏	—		
暖通	湿度/%		30~65	
	温度/℃		22~26	宜优先采用自然通风
	净化		—	采用一定消毒方式

72. IVF 培养室

空间类别	加工实验	房间编码
	空间及行为	
房间名称	IVF培养室	R4020802

说　明：　IVF培养室用于生殖医学中心，医生在室内进行体外受精实验操作。房间有洁净度要求，需设缓冲区，更衣后方可进入房间。房间内光照强度需可调，减少对受精卵的影响。根据医疗行为特点，分为准备区、操作区及分析区，常规设置层流洁净台、显微镜、离心机等。

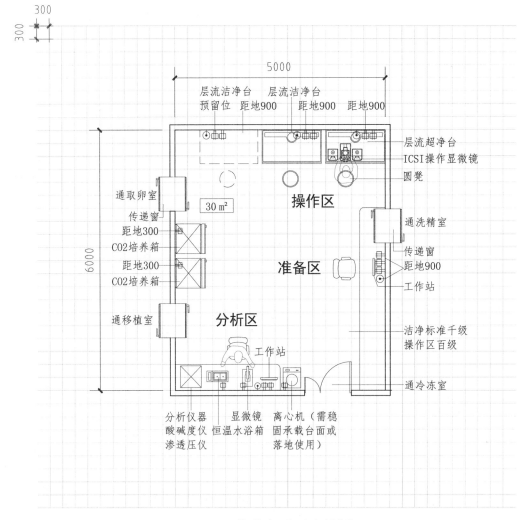

IVF培养室平面布局图

图例：　⊟电源插座　⌒呼叫　▷电话　⊗地漏
　　　　⊙网络　Ｔ电视　▯观片灯　◁感应龙头

空间类别	加工实验 空间及行为	房间编码
房间名称	IVF 培养室	R4020802

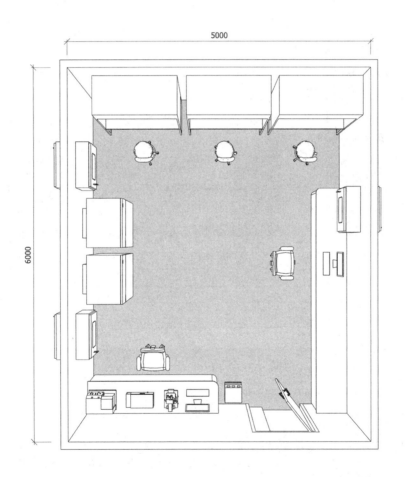

IVF 培养室三维示意图

空间类别	加工实验	房间编码
	装备及环境	
房间名称	IVF培养室	R4020802

建筑要求	规格
净尺寸	开间×进深:5000×6000 面积:30 m², 高度:不小于2.6 m
装修	墙地面材料应便于清扫, 不污染环境 —
门窗	—
安全私密	—

装备清单		数量	规格	备注
家具	边台	2	—	宜圆角
	座椅	2	526×526	带靠背、可升降、可移动
	圆凳	2	380	直径
设备	工作站	1	—	包括显示器、主机、打印机
	层流洁净台	2	1100×750×1720	功率320 W, 质量120 kg, 洁净度100级
	互锁传递窗	3	785×600×690	功率750 W, 可选蜂鸣器、对讲机
	CO2培养箱	2	600×660×1210	加热功率145 W, 质量110 kg（参考）
	ICSI显微镜	1	623×268×800	显微操作系统, 功率50 W, 质量62 kg
	离心机	1	340×480×275	质量22 kg, 转速4000 r/min
	恒温水浴箱	1	690×390×190	数显恒温水浴锅, 功率1500 W（参考）
	生物显微镜	1	233×411×368	功率18.5 W, 质量8 kg, 照明6 V卤素灯

机电要求		数量	规格	备注
医疗气体	氧气(O)	—	—	
	负压(V)	—	—	
	正压(A)	—	—	
弱电	网络接口	5	RJ45	
	电话接口	—	—	或综合布线
	电视接口	—	—	
	呼叫接口	—	—	
强电	照明	—	照度:500 lx, 色温:3300～5300 K, 显色指数:不低于80	
	电插座	16	220 V, 50 Hz	五孔
	接地	—	—	
给排水	上下水	—	—	
	地漏	—	—	
暖通	湿度/%	30～65		
	温度/℃	22～26		
	净化	I级	采用洁净空调	

73. 病理取材室

空间类别	加工实验 空间及行为	房间编码
房间名称	病理取材室	R4030201

说 明： 病理取材室用于对病理标本进行取材。房间地面应便于冲洗、消毒，建议取材
台区域进行防水处理，预留设置上下水接口、排风口。根据医疗行为特点，分
为取材区、记录区和暂存区。因操作需用到大量化学试剂，除机械排风外，宜
设置自然通风采光条件。本房型面积为基本需求，可根据项目实际情况具体分
析确定。

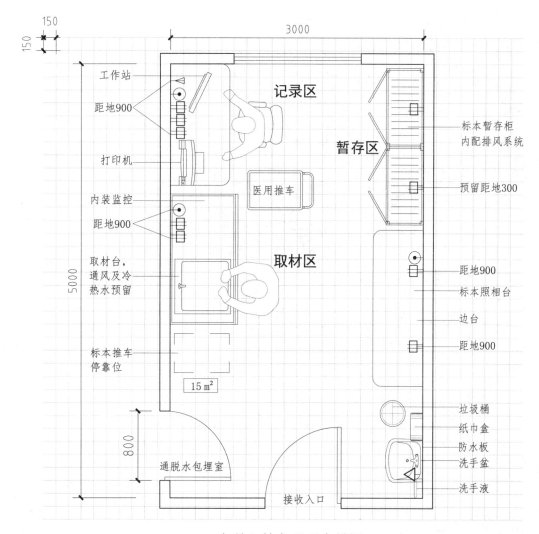

病理取材室平面布局图

图例： ⊟电源插座 ◯呼叫 ▷电话 ⊗地漏
◉网络 T电视 ⊡观片灯 ◁感应龙头

空间类别	加工实验	房间编码
	空间及行为	
房间名称	病理取材室	R4030201

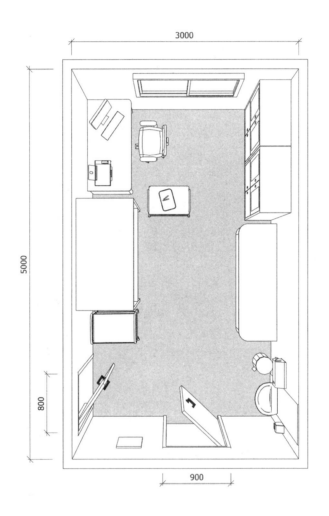

病理取材室三维示意图

空间类别	加工实验	房间编码
	装备及环境	
房间名称	病理取材室	R4030201

建筑要求	规格
净尺寸	开间×进深：3000×5000 面积：15 m²，高度：不小于2.6 m
装修	墙地面材料应便于清扫、冲洗，不污染环境 屋顶应采用吸音材料
门窗	窗户设置应保证自然采光和通风的需要
安全私密	—

装备清单		数量	规格	备注
家具	办公桌	1	1400×700	尺度据产品型号
	座椅	1	526×526	带靠背、可升降、可移动
	医用推车	1	700×490	尺度据产品型号
	洗手盆	1	500×450×800	防水板、纸巾盒、洗手液、镜子（可选）
	垃圾桶	1	300	直径
	操作台	1	—	可根据需要定制
设备	工作站	1	—	包括显示器、主机
	暂存架	2	800×600×1200	预留通风、电源接口
	打印机	1	400×250×298	尺度据产品型号
	病理取材台	1	1800×800×2350	质量390 kg，功率0.85 kW（参考） 需预留通风口、冷热水接口、排风机、 紫外灯电源，设备下水含绞碎机

机电要求		数量	规格	备注
医疗气体	氧气(O)	—	—	
	负压(V)	—	—	
	正压(A)	—	—	
弱电	网络接口	3	RJ45	
	电话接口	1	RJ11	或综合布线
	电视接口	—	—	
	呼叫接口	—	—	
强电	照明	—	照度：500 lx，色温：3300～5300 K，显色指数：不低于80	
	电插座	10	220 V，50 Hz	五孔
	接地	—	—	
给排水	上下水	2	安装混水器	冷热水，下水防腐、防堵处理
	地漏	—	—	
暖通	湿度/%	30～65		
	温度/℃	22～26		设置机械排风系统
	净化	—		应采取一定的消毒措施

74. 脱水包埋室

空间类别	加工实验	房间编码
	空间及行为	
房间名称	脱水包埋室	R4030301

说　明：　脱水包埋室是对病理组织进行脱水和包埋操作的功能房间，为染色制片做准备。
　　　　　本房间需要设置机械排风系统，并应设置通风柜，使挥发性有毒气体迅速排除。
　　　　　根据医疗行为特点，分为脱水区、包埋区和记录区。本房间面积为基本需求，
　　　　　需根据项目实际情况进行设定。

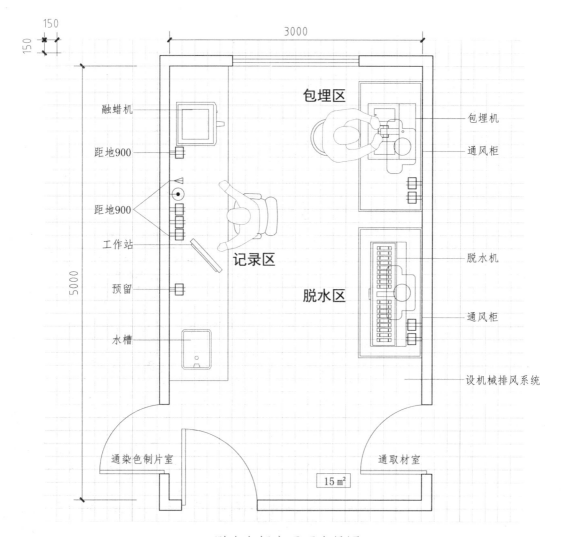

脱水包埋室平面布局图

图例：⊟电源插座　○呼叫　▷电话　⊗地漏
　　　⊙网络　T电视　□观片灯　◁感应龙头

空间类别	加工实验 空间及行为	房间编码
房间名称	脱水包埋室	R4030301

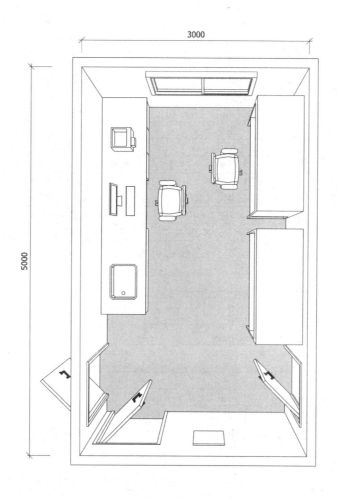

脱水包埋室三维示意图

空间类别	加工实验	房间编码
	装备及环境	
房间名称	脱水包埋室	R4030301

建筑要求	规格
净尺寸	开间×进深:3000×5000
	面积:15 m², 高度:不小于2.6 m
装修	墙地面材料应便于清扫、冲洗,不污染环境
	屋顶应采用吸音材料
门窗	—
安全私密	—

装备清单		数量	规格	备注
家具	操作台	1	3000×700	可现场测量定制
	座椅	1	526×526	带靠背、可升降、可移动
	水槽	1	620×450×260	尺度据产品型号
	垃圾桶	1	300	直径
	圆凳	1	380	直径
设备	工作站	1	—	包括显示器、主机、打印机
	脱水机	1	1220×420×500	功率0.6 kW
	包埋机	1	560×640×400	质量26 kg,功率1 kW(参考)
	融蜡机	1	820×460×640	质量50 kg(参考)
	通风柜	2	1800×850×2350	质量280 kg(参考)

机电要求		数量	规格	备注
医疗气体	氧气(O)	—	—	
	负压(V)	—	—	
	正压(A)	—	—	
弱电	网络接口	1	RJ45	
	电话接口	1	RJ11	或综合布线
	电视接口	—	—	
	呼叫接口	—	—	
强电	照明	—	照度:500 lx,色温:3300～5300 K,显色指数:不低于80	
	电插座	9	220 V,50 Hz	五孔
	接地	—		
给排水	上下水	1	安装混水器	水槽
	地漏	—		
暖通	湿度/%		30～65	
	温度/℃		22～26	宜优先采用自然通风,设置机械排风系统
	净化		—	

75. 冰冻切片室

空间类别	加工实验 空间及行为	房间编码
房间名称	冰冻切片室	R4030501

说　明：　冰冻切片室是进行病理样本快速冰冻、切片、染色和镜检的场所。因其制作过程较石蜡切片快捷、简便，多应用于手术中的快速病理诊断。根据医疗行为特点，分为切片区、染色区、分析区和冰冻区。

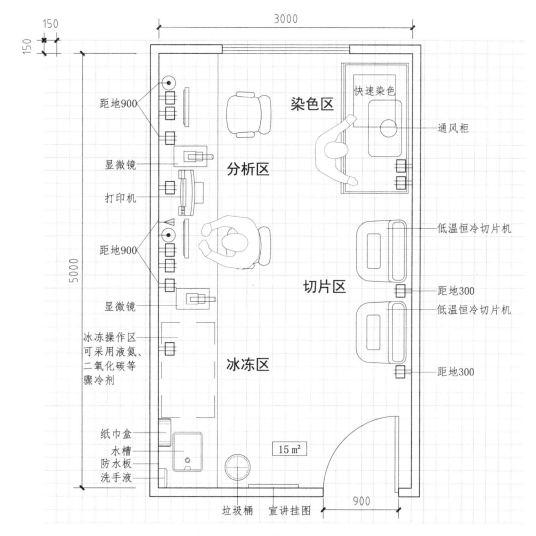

冰冻切片室平面布局图

图例：⊟电源插座　⌒呼叫　▷电话　⊛地漏
　　　　⊙网络　丅电视　▢观片灯　◁感应龙头

空间类别	加工实验 空间及行为	房间编码
房间名称	冰冻切片室	R4030501

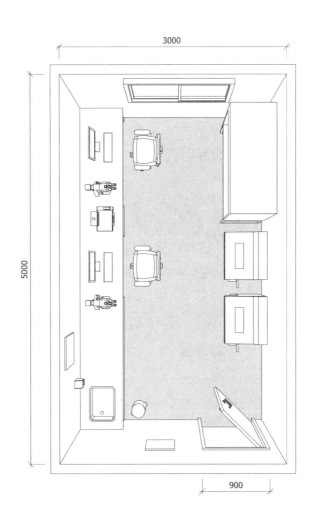

冰冻切片室三维示意图

空间类别	加工实验	房间编码
	装备及环境	
房间名称	冰冻切片室	R4030501

建筑要求	规格
净尺寸	开间×进深：3000×5000 面积：15 m²，高度：不小于2.6 m
装修	墙地面材料应便于清扫、冲洗，不污染环境 —
门窗	窗户设置应保证自然采光和通风的需要
安全私密	—

装备清单		数量	规格	备注
家具	操作台	1	5000×700	宜圆角
	座椅	2	526×526	带靠背、可升降、可移动
	推车	1	700×490	尺度据产品型号
	水槽	1	620×450×260	尺度据产品型号
设备	工作站	2	—	包括显示器、主机、打印机
	显微镜	2	188×134	功率30 W，质量4 kg（参考）
	冰冻切片机	2	760×640×1100	功率800 W，质量120 kg（参考）
	通风柜	1	1500×800×2350	功率450 W，质量350 kg（参考）
	打印机	1	400×250×298	尺度据产品型号

机电要求		数量	规格	备注
医疗气体	氧气(O)	—	—	
	负压(V)	—	—	
	正压(A)	—	—	
弱电	网络接口	2	RJ45	
	电话接口	1	RJ11	或综合布线
	电视接口	—	—	
	呼叫接口	—	—	
强电	照明	—	照度：500 lx，色温：3300～5300 K，显色指数：不低于80
	电插座	12	220 V，50 Hz	五孔
	接地	—	—	
给排水	上下水	1	—	水槽
	地漏	—	—	
暖通	湿度/%		30～65	
	温度/℃		22～26	应设置机械排风系统
	净化		—	采用一定消毒方式

76. 病理诊断室

空间类别	加工实验 空间及行为	房间编码
房间名称	病理诊断室	R4030701

说　明：　病理诊断室是对切片样本进行镜检、分析和出具病理资料报告的场所。需设置
　　　　　显微镜、工作站、打印机等设备。本房间主要表达医疗行为及工艺条件要求，
　　　　　具体房间面积需根据量化要求明确。

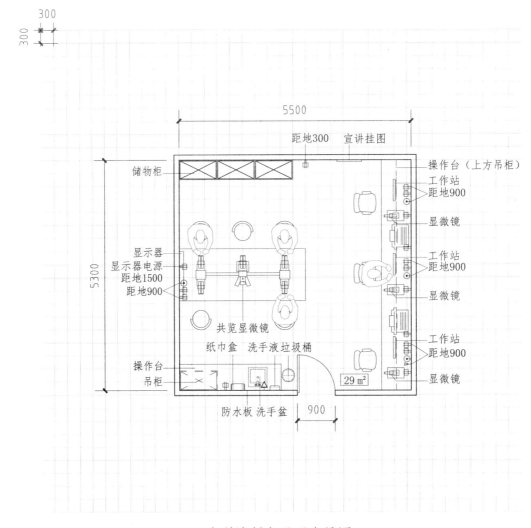

病理诊断室平面布局图

图例：▯ 电源插座　◯ 呼叫　▷ 电话　⊗ 地漏
　　　◉ 网络　T 电视　▢ 观片灯　◁ 感应龙头

空间类别	加工实验 空间及行为	房间编码
房间名称	病理诊断室	R4030701

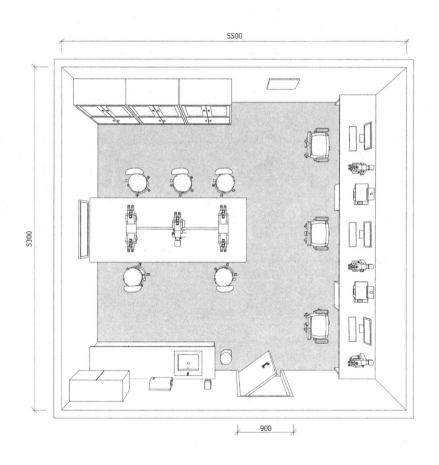

病理诊断室三维示意图

空间类别	加工实验	房间编码	
	装备及环境		
房间名称	病理诊断室	R4030701	

建筑要求	规格
净尺寸	开间×进深:5500×5300
	面积:29 m², 高度:不小于2.6 m
装修	墙地面材料应便于清扫、冲洗,不污染环境
	屋顶应采用吸音材料
门窗	—
安全私密	—

装备清单		数量	规格	备注
家具	洗手盆	1	500×450×800	防水板、纸巾盒、洗手液、镜子(可选)
	垃圾桶	1	300	尺度据产品型号
	座椅	3	526×526	带靠背、可升降、可移动
	操作台	2	—	现场测量定制
	储物柜	3	900×450	尺度据产品型号
	小会议桌	1	2500×1200	尺度据产品型号
	圆凳	6	380	直径
设备	工作站	3	—	包括显示器、主机、打印机
	显微镜	4	188×134	功率30 W,质量4 kg(参考)
	打印机	2	500×500	尺度据产品型号
	共览显微镜	1	—	五人多头共享显微镜
	显示器	1	—	根据实际需要进行配置

机电要求		数量	规格	备注
医疗气体	氧气(O)	—	—	
	负压(V)	—	—	
	正压(A)	—	—	
弱电	网络接口	4	RJ45	
	电话接口	1	RJ11	或综合布线
	电视接口	—	—	
	呼叫接口	—	—	
强电	照明	—	照度:500 lx, 色温:3300~5300 K, 显色指数:不低于80	
	电插座	17	220 V, 50 Hz	五孔
	接地	—	—	
给排水	上下水	1	—	洗手盆
	地漏	—	—	
暖通	湿度/%		30~65	
	温度/℃		22~26	宜优先采用自然通风
	净化		—	

77. 解剖间

空间类别	加工实验 空间及行为	房间编码
房间名称	解剖间	R4031001

说　明：　解剖间是医院病理科、法医学以及公检法等法医鉴定的功能房间。房间需设置排风设施，并注意对医护人员的保护。根据医疗行为特点，分为刷手区、准备区、解剖区。

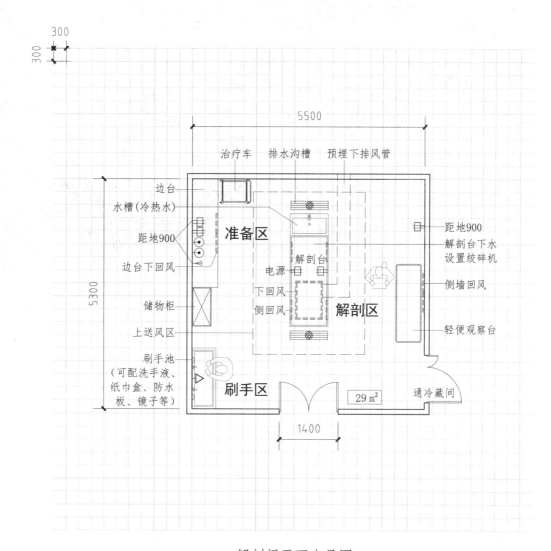

解剖间平面布局图

图例：▯电源插座　○呼叫　▷电话　⊗地漏
　　　⊙网络　Ｔ电视　□观片灯　◁感应龙头

空间类别	加工实验 装备及环境	房间编码
房间名称	解剖间	R4031001

建筑要求	规格
净尺寸	开间×进深:5500×5300
	面积:29 m², 高度:不小于3 m
装修	墙地面材料应便于清扫、冲洗, 不污染环境
	—
门窗	—
安全私密	—

装备清单		数量	规格	备注
家具	边台	1	2500×600×800	尺度据产品型号
	水槽	1	620×450×260	与成品解剖台配套, 需预留冷、热水
	储物柜	1	880×410×1850	尺度据产品型号
设备	刷手池	1	1400×560×870	防水板、纸巾盒、洗手液、镜子（可选）
	观察台	1	1880×620×860	不锈钢轻体解剖台, 可移动, 带固定轮
	无影灯	1	灯头直径720	质量38 kg, 功率180 W
	尸体解剖台	1	2700×750×800	不锈钢下吸风式病理解剖台, 固定式

机电要求		数量	规格	备注
医疗 气体	氧气(O)	—	—	
	负压(V)	—	—	
	正压(A)	—	—	
弱电	网络接口	2	RJ45	
	电话接口	1	RJ11	或综合布线
	电视接口	—	—	
	呼叫接口	—	—	
强电	照明	—	照度:750 lx, 色温:3300～5300 K, 显色指数:不低于90
	电插座	6	220 V, 50 Hz	五孔
	接地	2	小于1Ω	等电位接地, 解剖台、无影灯
给排水	上下水	2	—	刷手池、水槽(解剖台)
	地漏	2	—	
暖通	湿度/%		30～65	
	温度/℃		22～26	应设置机械排风系统
	净化		—	采用一定消毒方式

78. 中草药配剂室

空间类别	加工实验	房间编码
	空间及行为	
房间名称	中草药配剂室	R4041301

说　明：中草药配剂室的窗口发药，后台摆药、配药、存药。存放药品的空间需恒温、恒湿，保证药品存放条件。房间内设有药柜，按照中医的药性、类别，分门别类摆设。根据医疗行为特点，分为存药区、摆药区及发药区。房间具体面积需根据项目量化要求确定。

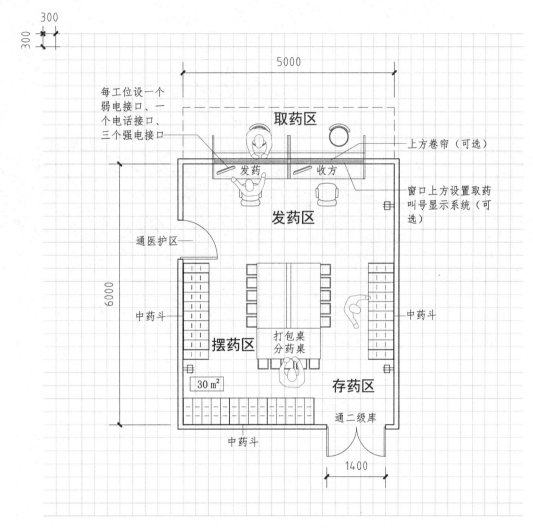

中草药配剂室平面布局图

图例：⊞电源插座　◯呼叫　▷电话　⊗地漏
　　　◉网络　T电视　□观片灯　◁感应龙头

空间类别	加工实验 空间及行为	房间编码
房间名称	中草药配剂室	R4041301

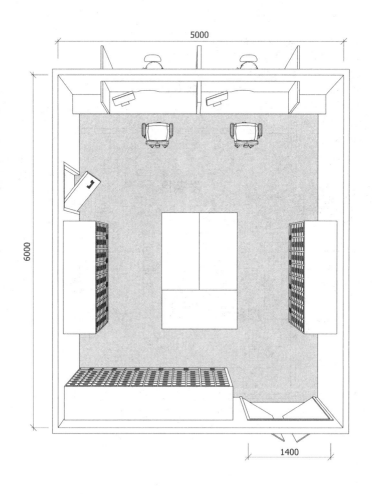

中草药配剂室三维示意图

空间类别	加工实验	房间编码
	装备及环境	
房间名称	中草药配剂室	R4041301

建筑要求	规格
净尺寸	开间×进深:5000×6000 面积:30 m²，高度:不小于2.6 m
装修	墙地面材料应便于清扫,不污染环境 环境可突出中医传统特色
门窗	—
安全私密	—

装备清单		数量	规格	备注
家具	中药斗	3	1895×615×2150	实木/不锈钢,每柜约200味
	分药桌	3	1785×655×910	尺度据产品型号
	座椅	2	526×526	带靠背、可升降、可移动
	圆凳	2	380	直径
设备	工作站	2	—	包括显示器、主机、打印机

机电要求		数量	规格	备注
医疗气体	氧气(O)	—	—	
	负压(V)	—	—	
	正压(A)	—	—	
弱电	网络接口	2	RJ45	
	电话接口	2	RJ11	或综合布线
	电视接口	—	—	
	呼叫接口	—	—	
强电	照明	—	照度:500 lx, 色温:3300～5300 K, 显色指数:不低于80
	电插座	9	220 V, 50 Hz	五孔
	接地	—	—	
给排水	上下水	—	—	
	地漏	—	—	
暖通	湿度/%	35～75		为保护药品,需适当防潮
	温度/℃	18～26		宜优先采用自然通风
	净化	—		

79. 消毒供应中心分类清洗消毒室

空间类别	加工实验	房间编码
	空间及行为	
房间名称	消毒供应中心分类清洗消毒室	R4050101

说　明：消毒供应中心分类清洗消毒室用于供应室回收后的器械、物品清洗消毒。器械、物品经初洗后，送入通过式自动清洗机进行清洗消毒。进入本区的工作人员必须经过卫生通过程序。通常在该功能用房配套设置污物接收区、污车清洗消毒室等功能用房。本房型主要表达行为需求，关于房间面积需根据项目待消品量化要求确定。

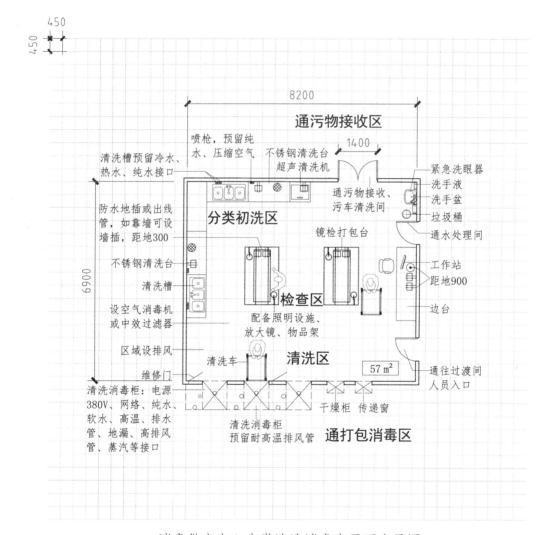

消毒供应中心分类清洗消毒室平面布局图

图例：⊟电源插座　◠呼叫　▷电话　⊗地漏
　　　⦿网络　T电视　▯观片灯　◁感应龙头

空间类别	加工实验	房间编码	
	空间及行为		
房间名称	消毒供应中心分类清洗消毒室	R4050101	

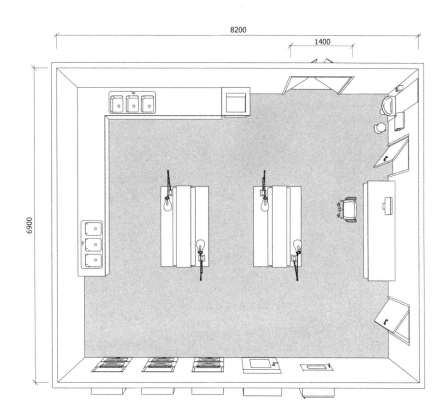

消毒供应中心分类清洗消毒室三维示意图

空间类别	加工实验	房间编码
	装备及环境	
房间名称	消毒供应中心分类清洗消毒室	R4050101

建筑要求	规格
净尺寸	开间×进深:8200×6900 面积:57 m²,高度:不小于2.6 m
装修	墙地面材料应便于清扫、冲洗、防水,不污染环境 —
门窗	门应满足物品通过要求
安全私密	—

装备清单		数量	规格	备注
家具	镜检打包台	2	2000×1200×1500	尺度据产品型号
	回收车	2	1000×450×1210	尺度据产品型号
	清洗池	2	620×450×260	尺度据产品型号
	传递窗	1	760×660×660	尺度据产品型号
	洗手盆	1	500×450×800	宜配备纸巾盒、洗手液、紧急洗眼器
设备	工作站	1	—	包括显示器、主机
	清洗消毒机	3	1110×990×1870	电源380 V,功率6.5 kW,质量400 kg
	超声清洗机	1	810×470×370	尺度据产品型号
	双门干燥柜	1	595×450×2175	功率3.5 kW,质量100 kg(参考)

机电要求		数量	规格	备注
医疗气体	氧气(O)	—	—	
	负压(V)	—	—	
	正压(A)	1	压力3~8 bar	喷枪用压缩空气
弱电	网络接口	3	RJ45	
	电话接口	—		
	电视接口	—		
	呼叫接口	—		
强电	照明	—	照度:300 lx,色温:3300~5300 K,显色指数:不低于80
		—	普通检查不宜小于500 lx,精细检查不小于1000 lx
	电插座	10	220 V,50 Hz	五孔
	接地	—		
给排水	上下水	6	冷水、热水、纯水	消毒设备下水建议选用DN100金属管
	地漏	2		
暖通	湿度/%		30~60	
	温度/℃		16~21	换气次数10次/小时
	净化		—	采用一定消毒方式

80. 消毒供应中心打包灭菌室

空间类别	加工实验 空间及行为	房间编码
房间名称	消毒供应中心打包灭菌室	R4050201

说　明：消毒供应中心打包灭菌室用于供应室清洗消毒后的医疗器械、物品打包灭菌。由清洗机取出的器械需在此区检查分类包装后，送入双门灭菌器入口。进入本区的工作人员须经过卫生通过程序。本房型主要表达行为需求，关于房间面积需根据项目待灭菌物品量化要求及设备台数确定。

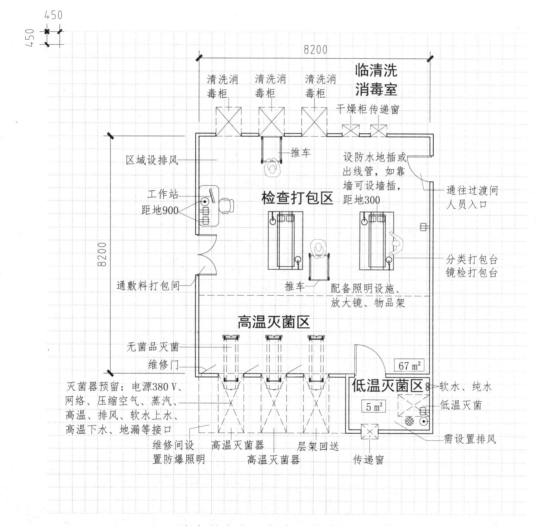

消毒供应中心打包灭菌室平面布局图

图例：⊟电源插座　◯呼叫　▷电话　⊗地漏
　　　⊙网络　Ｔ电视　▢观片灯　◁感应龙头

空间类别	加工实验 空间及行为	房间编码
房间名称	消毒供应中心打包灭菌室	R4050201

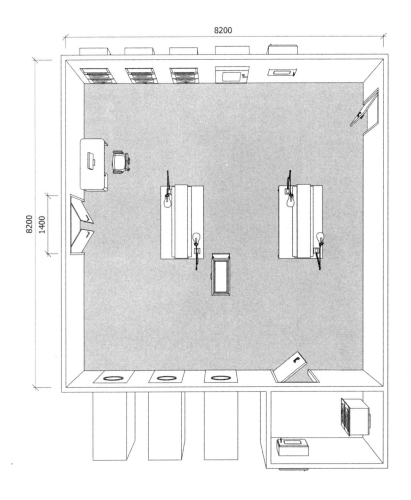

消毒供应中心打包灭菌室三维示意图

空间类别	加工实验	房间编码
	装备及环境	
房间名称	消毒供应中心打包灭菌室	R4050201

建筑要求	规格
净尺寸	开间×进深:8200×8200, 面积:67 m²,高度:不小于2.8 m
装修	墙地面材料应便于清扫、冲洗、防水,不污染环境
	—
门窗	门应满足物品通过要求
安全私密	—

装备清单		数量	规格	备注
家具	转运车	2	1000×450×1210	尺度据产品型号
	打包台	2	2000×1200×1500	尺度据产品型号
	传递窗	1	760×660×660	尺度据产品型号
设备	工作站	1	—	包括显示器、主机
	高温灭菌器	2	900×2050×1980	功率3 kW,质量1060 kg,需外供蒸汽
	低温灭菌器	1	1000×820×1670	功率0.5 kW,质量400 kg(参考)

机电要求		数量	规格	备注
医疗气体	氧气(O)	—	—	
	负压(V)	—	—	
	正压(A)	—	—	
弱电	网络接口	2	RJ45	
	电话接口	—	—	
	电视接口	—	—	
	呼叫接口	—	—	
强电	照明	—	照度:300 lx,色温:3300~5300 K,显色指数:不低于80	
		—	普通检查不宜小于500 lx,精细检查不小于1000 lx	
	电插座	8	220 V,50 Hz	五孔
	接地	3	小于1Ω	
给排水	上下水	3	感应龙头	供水应满足设备软水、纯水需求
	地漏	3	—	需满足高温排水需求
暖通	湿度/%		30~60	
	温度/℃		20~23	换气次数10次/小时
	净化		IV级	

81. 消毒供应中心无菌存放间

空间类别	加工实验 空间及行为	房间编码
房间名称	消毒供应中心无菌存放间	R4050301

说 明：　无菌存放间用于灭菌后物品储存。经灭菌的各种器械包、敷料包在这一区域内进行接收保存和分类发放。工作人员应经卫生通过之后进入无菌存放区域。本房型主要表达行为需求，关于房间面积需根据物品存放量化要求确定。

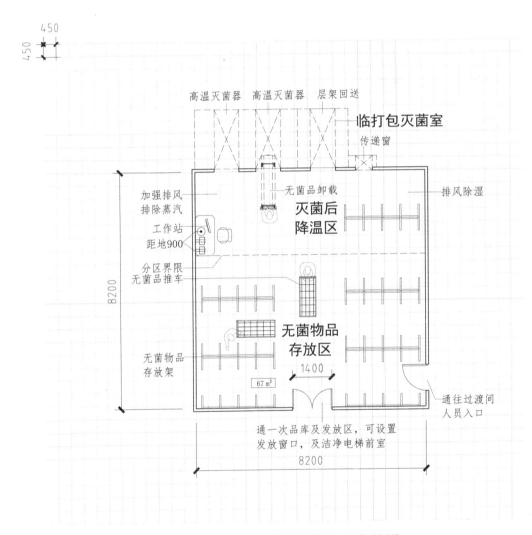

消毒供应中心无菌存放间平面布局图

图例： 电源插座　呼叫　电话　地漏
　　　　网络　电视　观片灯　感应龙头

空间类别	加工实验	房间编码
	空间及行为	
房间名称	消毒供应中心无菌存放间	R4050301

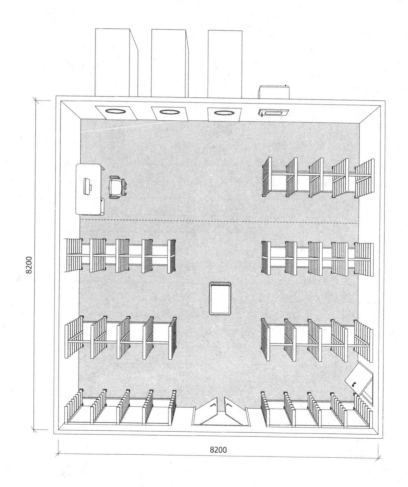

消毒供应中心无菌存放间三维示意图

空间类别	加工实验	房间编码
	装备及环境	
房间名称	消毒供应中心供应室无菌存放间	R4050301

建筑要求	规格
净尺寸	开间×进深:8200×8200 面积:67 m²，高度:不小于2.6 m
装修	墙地面材料应便于清扫、冲洗，不污染环境
门窗	门应满足物品通过宽度要求
安全私密	—

装备清单		数量	规格	备注
家具	存放车	2	1000×450×1210	尺度据产品型号
	存放架	24	526×526	尺度据产品型号
	座椅	2	900×450	尺度据产品型号
	推车	n	—	尺度据产品型号
设备	工作站	1	—	包括显示器、主机

机电要求		数量	规格	备注
医疗气体	氧气(O)	—	—	
	负压(V)	—	—	
	正压(A)	—	—	
弱电	网络接口	1	RJ45	
	电话接口	—		
	电视接口	—		
	呼叫接口	—		
强电	照明	—	照度:300 lx，色温:3300～5300 K，显色指数:不低于80	
	电插座	2	220 V，50 Hz	五孔
	接地	—	小于1Ω	
给排水	上下水	—	感应龙头	洗手盆
	地漏	—	—	
暖通	湿度/%		30～50	
	温度/℃		18～20	换气次数4～10次/小时
	净化		IV级	洁净空调

82. 消毒配奶间

空间类别	加工实验	房间编码
	空间及行为	
房间名称	消毒配奶间	R4060201

说　明：消毒配奶间通常作为产科病房、新生儿病房的辅助房间。房间内划分洁污分区，设置洁净区用于配奶操作及奶粉和液态奶存放，消毒区用于奶瓶清洗消毒。工作人员需通过过渡间进入，并更换工作服、戴口罩和帽子。室内设置操作台、冰箱、消毒柜、水池等，并就近设置热水设备。

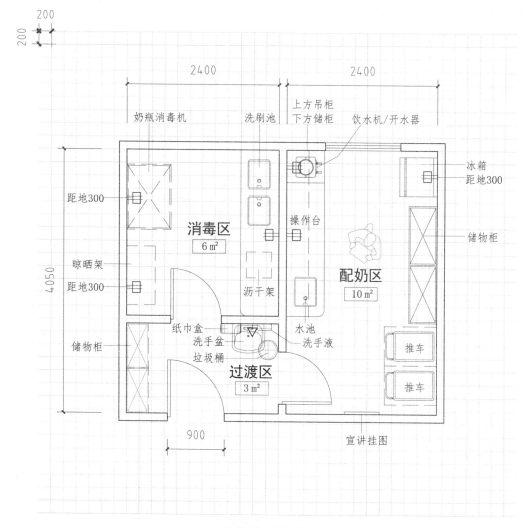

消毒配奶间平面布局图

图例： ⊟ 电源插座　⌒ 呼叫　▷ 电话　⊛ 地漏

⊙ 网络　T 电视　▯ 观片灯　◁ 感应龙头

空间类别	加工实验 空间及行为	房间编码
房间名称	消毒配奶间	R4060201

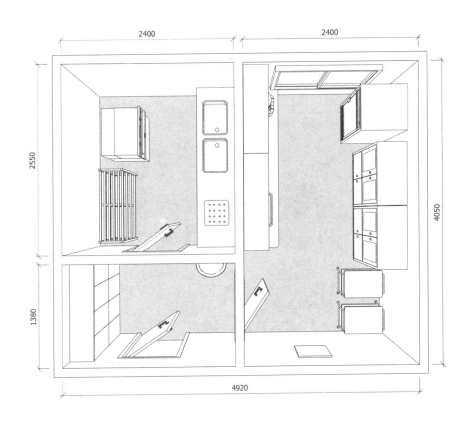

消毒配奶间三维示意图

空间类别	加工实验 装备及环境	房间编码
房间名称	消毒配奶间	R4060201

建筑要求	规格		
净尺寸	开间×进深：4920×4050 面积：19 m²，高度：不小于2.6 m		
装修	墙地面材料应便于清扫、冲洗，不污染环境 —		
门窗	—		
安全私密	—		

装备清单		数量	规格	备注
家具	操作台	2	2500×600×750	尺度据产品型号
	储物柜	2	900×400×1850	钢制喷塑器械柜
	推车	2	460×700	尺度据产品型号
	水池	3	500×450	尺度据产品型号
	洗手盆	1	500×450×800	防水板、纸巾盒、洗手液、镜子（可选）
设备	电冰箱	1	525×475×1208	质量43 kg，容量133 L
	饮水机	1	296×320×841	尺度据产品型号
	奶瓶消毒机	1	850×900×700	功率550 W，质量108 kg（参考）

机电要求		数量	规格	备注
医疗气体	氧气(O)	—	—	
	负压(V)	—	—	
	正压(A)	—	—	
弱电	网络接口	—	—	
	电话接口	—	—	
	电视接口	—	—	
	呼叫接口	—	—	
强电	照明	—	照度：300 lx，色温：3300～5300 K，显色指数：不低于80	
	电插座	6	220 V，50 Hz	五孔
	接地	—	小于1Ω	
给排水	上下水	3		水池、洗刷池
	地漏			
暖通	湿度/%		30～60	
	温度/℃		18～26	
	净化	—		采用一定消毒方式

83. 医护值班室

空间类别	办公生活	房间编码
	空间及行为	
房间名称	医护值班室	R5030101

说　明： 医护值班室是医护人员值班休息时使用的功能房间。室内最好放两张床，可考虑双层床。应设置存放被褥寝具的多格储柜，便于倒班的医护人员各自存放寝具。房间家具布置考虑空间使用效率、最大化外窗等人性化需求。

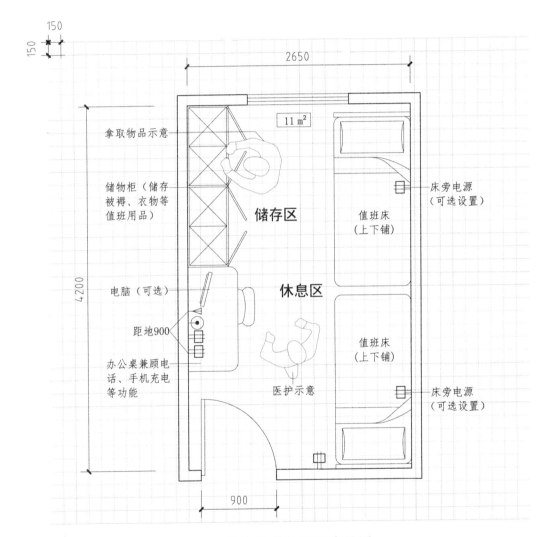

拿取物品示意

储物柜（储存被褥、衣物等值班用品）

储存区

电脑（可选）

休息区

距地900

办公桌兼顾电话、手机充电等功能

医护示意

值班床（上下铺）

床旁电源（可选设置）

值班床（上下铺）

床旁电源（可选设置）

11 m²

2650

4200

150

150

900

医护值班室平面布局图

图例： ⊞电源插座　○呼叫　▷电话　⊗地漏

○网络　Ｔ电视　□观片灯　◁感应龙头

空间类别	办公生活 空间及行为	房间编码
房间名称	医护值班室	R5030101

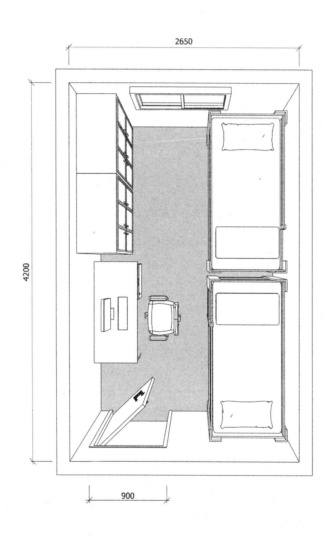

医护值班室三维示意图

空间类别	办公生活	房间编码
	装备及环境	
房间名称	医护值班室	R5030101

建筑要求	规格
净尺寸	开间×进深:2650×4200
	面积:11 m²,高度:不小于2.6 m
装修	墙地面材料应便于清扫
	—
门窗	外窗设置应保证自然采光和通风的需要
安全私密	房间如果为落地窗,应设置安全栏杆保护医患安全

装备清单		数量	规格	备注
家具	值班床	2	2050×900×1900	钢制喷塑革面双层值班床
	办公桌	1	1200×600	尺度据产品型号
	整体柜	2	900×600×2000	2×4储物格,用于存放寝具
	座椅	1	526×526	带靠背、可升降、可移动
设备	电脑(可选)	1	—	包括显示器、主机

机电要求		数量	规格	备注
医疗气体	氧气(O)	—	—	
	负压(V)	—	—	
	正压(A)	—	—	
弱电	网络接口	1	RJ45	
	电话接口	1	RJ11	或综合布线
	电视接口	—	—	
	呼叫接口	—	—	
强电	照明	—	照度:100 lx,色温:3300~5300 K,显色指数:不低于80
	电插座	5	220 V,50 Hz	五孔
	接地	—	小于1Ω	
给排水	上下水	—	—	
	地漏	—	—	
暖通	湿度/%		30~60	
	温度/℃		18~26	宜优先采用自然通风
	净化		—	

84. 远程会诊室

空间类别	办公生活	房间编码
	空间及行为	
房间名称	远程会诊室	R5110201

说明： 远程会诊结合通信技术、网络技术、软件技术、电子病历技术、多媒体技术、虚拟现实技术，实现个人与医院之间、医院和医院之间的医学信息的远程传输和监控。根据诊疗行为特点布置相应设备和家具，功能区分为显示区和工作区。

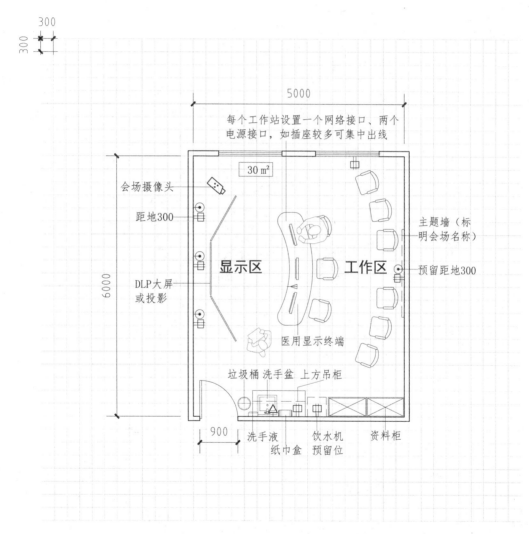

远程会诊室平面布局图

图例： ⊟电源插座 ○呼叫 ▷电话 ⊗地漏
◉网络 T电视 □观片灯 ◁感应龙头

空间类别	办公生活 空间及行为	房间编码
房间名称	远程会诊室	R5110201

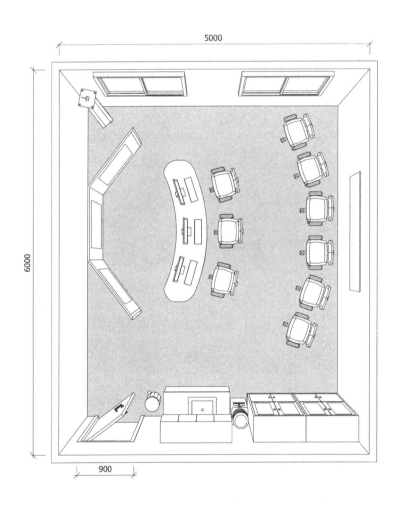

远程会诊室三维示意图

空间类别	办公生活	房间编码	
	装备及环境		
房间名称	远程会诊室	R5110201	

建筑要求		规格
净尺寸		开间×进深：5000×6000
		面积：30 m²，高度：不小于2.6 m
装修		墙地面材料应便于清扫，不污染环境
		屋顶应采用吸音材料
门窗		门宜设置非通视采光窗。外窗设置保证自然采光和通风的需要
安全私密		—

装备清单		数量	规格	备注
家具	会议桌	1	1500×3400	宜圆角
	座椅	9	526×526	尺度据产品型号
	洗手盆	1	900×450×800	防水板、纸巾盒、洗手液、镜子（可选）
	资料柜	2	900×450×1850	吧台、书柜、展示、收纳功能
	垃圾桶	1	300	直径
	边台吊柜	1	1800×600	尺度据产品型号
设备	工作站	3	—	尺度据产品型号
	大屏显示	3	—	大屏显示或吊装投影仪、幕布
	监控	1	—	尺度据产品型号

机电要求		数量	规格	备注
医疗气体	氧气(O)	—	—	
	负压(V)	—	—	
	正压(A)	—	—	
弱电	网络接口	7	RJ45	
	电话接口	1	RJ11	或综合布线
	电视接口	—	—	
	呼叫接口	—	—	
强电	照明	—	照度：300 lx，色温：3300～5300 K，显色指数：不低于80	
	电插座	14	220 V，50 Hz	五孔
	接地	—	小于1Ω	
给排水	上下水	1	感应龙头	洗手盆
	地漏	—		
暖通	湿度/%		30～60	
	温度/℃		18～26	宜优先采用自然通风
	净化		无	

85. 模拟教学室（急救）

空间类别	办公生活	房间编码
	空间及行为	
房间名称	模拟教学室（急救）	R5120201

说　明：　模拟教学室（急救）用于对急救抢救等医疗操作进行培训、教学。房间需设置
　　　　急救模拟假人、模拟监护设备、宣教设备等，根据需求可增设突发抢救、心肺
　　　　复苏、气管插管等培训项目。如有条件可在临室设置监控室，对教学模拟情况
　　　　进行数据监控、评判打分。通常设为床上抢救区、地面抢救区及投影教学区。
　　　　本房型主要表达行为特点，房间面积需根据项目实际教学量化要求确定。

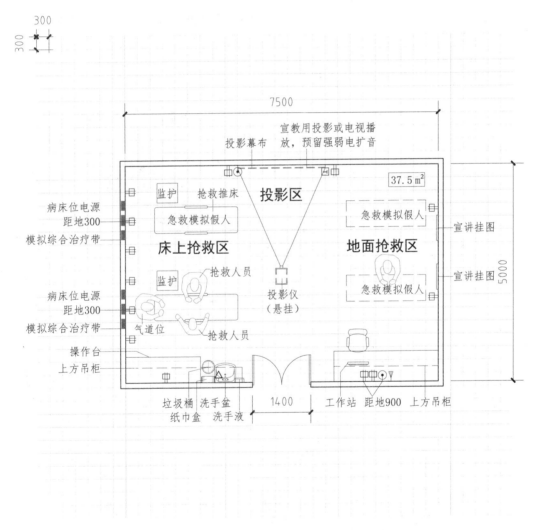

模拟教学室（急救）平面布局图

图例：　田 电源插座　　⌒ 呼叫　　▷ 电话　　⊗ 地漏
　　　　⊙ 网络　　T 电视　　▯ 观片灯　　◁ 感应龙头

空间类别	办公生活 空间及行为	房间编码
房间名称	模拟教学室（急救）	R5120201

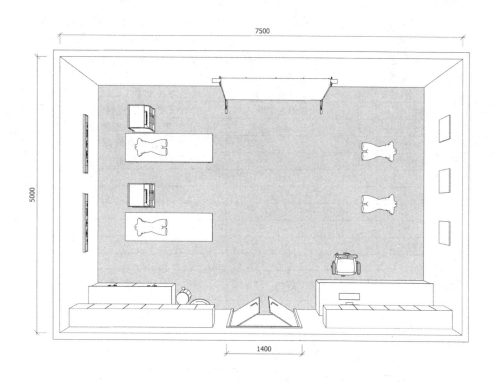

模拟教学室（急救）三维示意图

空间类别	办公生活	房间编码
	装备及环境	
房间名称	模拟教学室（急救）	R5120201

建筑要求	规格		
净尺寸	开间×进深：7500×5000		
	面积：37.5 m²，高度：不小于2.6 m		
装修	墙地面材料应便于清扫，不污染环境		
	屋顶应采用吸音材料，采取噪声控制		
门窗	门宽满足教学大流量通行要求		
安全私密	—		

装备清单		数量	规格	备注
家具	操作台	2	2000×600	整体式操作台
	座椅	1	526×526	尺度据产品型号
	洗手盆	1	500×450×800	防水板、纸巾盒、洗手液、镜子（可选）
	垃圾桶	1	300	直径
设备	工作站	1	—	包括显示器、主机、打印机
	模拟假人	4	1650×420	心肺复苏与创伤模拟人(计算机)
	投影设备	1	套	宣教用，或采用电视
	综合治疗带	1		宣教用
	监护设备	1	—	宣教用

机电要求		数量	规格	备注
医疗气体	氧气(O)	2	—	
	负压(V)	2	—	
	正压(A)	2	—	
弱电	网络接口	4	RJ45	
	电话接口	1	RJ11	或综合布线
	电视接口	1	同轴电缆	或综合布线
	呼叫接口	—		
强电	照明	—	照度：300 lx，色温：3300～5300 K，显色指数：不低于80	
	电插座	18	220 V，50 Hz	五孔
	接地	1	小于1Ω	
给排水	上下水	1		洗手盆
	地漏	—		
暖通	湿度/%		30～60	
	温度/℃		18～26	宜优先采用自然通风
	净化		—	

86. 无性别卫生间

空间类别	办公生活	房间编码
	空间及行为	
房间名称	无性别卫生间	R5230201

说　明： 无性别卫生间通常作为独立单室使用，其特点是提供灵活服务和高端服务，能够最大限度保证使用者隐私。房间面积不小于5㎡，房间及设施均为无障碍设计。

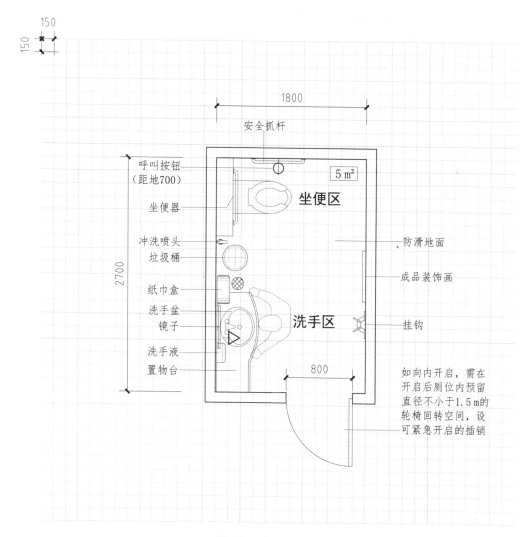

无性别卫生间平面布局图

图例：⊟电源插座　○呼叫　▷电话　⊗地漏
　　　⊙网络　⊤电视　□观片灯　◁感应龙头

空间类别	办公生活 空间及行为	房间编码
房间名称	无性别卫生间	R5230201

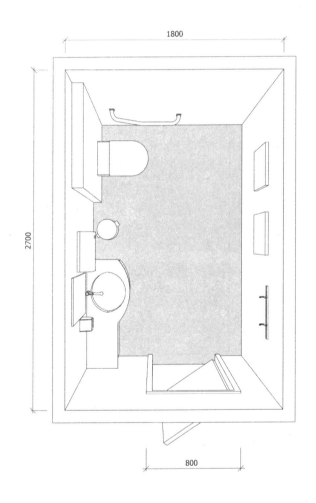

无性别卫生间三维示意图

空间类别	办公生活 装备及环境	房间编码
房间名称	无性别卫生间	R5230201

建筑要求		规格
净尺寸		开间×进深:1800×2700
		面积:5 m²,高度:不小于2.6 m
装修		墙地面材料应便于清扫、冲洗,不污染环境
		屋顶应采用吸音材料
门窗		—
安全私密		设置无障碍设施保证使用安全

装备清单		数量	规格	备注
家具	洗手盆	1	500×450×800	防水板、纸巾盒、洗手液、镜子(可选)
	置物台	1	1100×400	尺度据产品型号
	坐便器	1	590×378×370	挂墙式墙排排水,质量40 kg(参考)
	冲洗喷头	1	—	尺度据产品型号
	挂钩	1	420×39×95	挂衣钩壁挂安装

机电要求		数量	规格	备注
医疗气体	氧气(O)	—	—	
	负压(V)	—	—	
	正压(A)	—	—	
弱电	网络接口	—	—	
	电话接口	—	—	
	电视接口	—	—	
	呼叫接口	1	据呼叫系统型号	
强电	照明	—	照度:100 lx,色温:3300~5300 K,显色指数:不低于80	
	电插座	1	220 V,50 Hz	五孔
	接地	1	小于1Ω	等电位连接
给排水	上下水	2	—	洗手盆、坐便器
	地漏	1	—	
暖通	湿度/%		30~60	
	温度/℃		18~26	
	净化		—	设置排风系统

267

87. 医疗废物处理间

空间类别	医疗辅助	房间编码
	空间及行为	
房间名称	医疗废物处理间	R6030101

说　明： 医疗废物处理间是用于功能单位暂时存放医疗垃圾废弃物的场所。内设分类垃圾桶（区分医疗和生活垃圾）、储物架、污洗池等。地面、台面需耐擦洗、耐消毒剂。房间利用紫外线消毒或其他消毒方式。房间面积建议不小于9 m²。

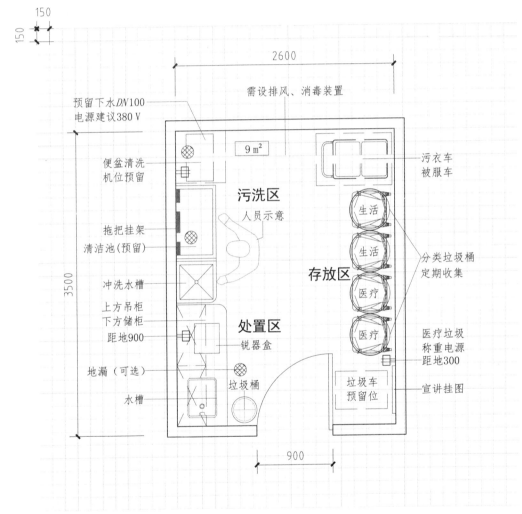

医疗废物处理间平面布局图

图例：□电源插座　○呼叫　▷电话　⊗地漏
　　　⊙网络　Ｔ电视　□观片灯　◁感应龙头

空间类别	医疗辅助 空间及行为	房间编码
房间名称	医疗废物处理间	R6030101

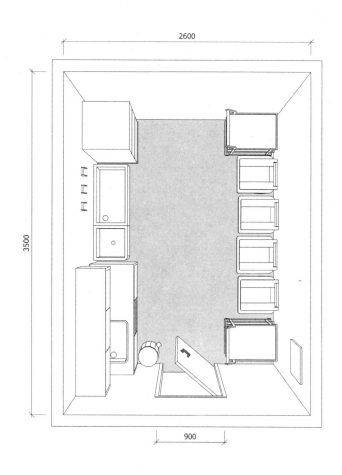

医疗废物处理间三维示意图

空间类别	医疗辅助	房间编码
	装备及环境	
房间名称	医疗废物处理间	R6030101

建筑要求	规格
净尺寸	开间×进深:2600×3500
	面积:9 m²,高度:不小于2.6 m
装修	墙地面材料应便于清扫、冲洗,不污染环境
	—
门窗	—
安全私密	—

装备清单		数量	规格	备注
家具	操作台柜	1	1400×700	包含清洗、保洁储存
	水槽	1	450×350	尺度据产品型号
	分类垃圾桶	4	480	直径
	锐器盒	1	115	直径,容量1 L
	冲洗水槽	1	560×456×683	尺度据产品型号
	清洁池	1	600×600	上方设置吊钩挂拖把
	污衣车	1	1400×560×870	
设备	便盆清洗机	1	650×500×1600	立式便盆清洗机,电源380 V

机电要求		数量	规格	备注
医疗气体	氧气(O)	—	—	
	负压(V)	—	—	
	正压(A)	—	—	
弱电	网络接口	—	—	
	电话接口	—	—	
	电视接口	—	—	
	呼叫接口	—	—	
强电	照明	—	照度:200 lx,色温:3300~5300 K,显色指数:不低于80	
	电插座	3	220 V,50 Hz	五孔
	接地	—	小于1 Ω	
给排水	上下水	4	—	水槽、清洗水槽、便盆清洗机
	地漏	3	—	
暖通	湿度/%		30~60	
	温度/℃		18~26	宜优先采用自然通风
	净化		—	采用一定消毒方式,设置机械排风

88. 保洁室

空间类别	医疗辅助 空间及行为	房间编码
房间名称	保洁室	R6030102

说　明：保洁室可用于功能区域存放卫生清洗、保洁用品，也是保洁人员值班、交接、休息的场所。内设水池、开放式储物柜、储物架等，地面、台面耐擦洗、耐消毒剂、耐腐蚀。利用紫外线消毒或采取其他消毒方式。房间面积建议不小于6 m²。

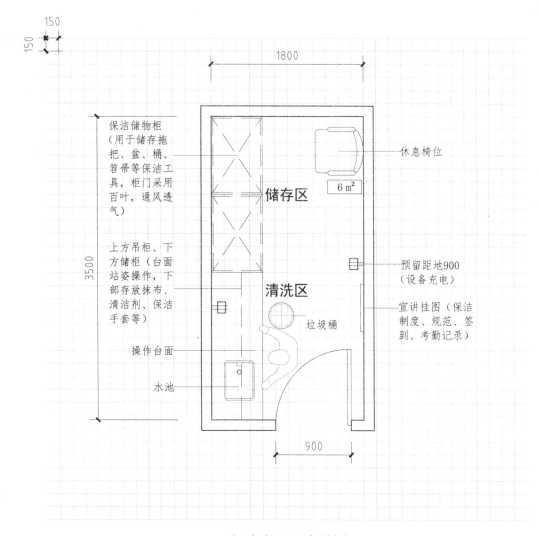

保洁储物柜（用于储存拖把、盆、桶、笤帚等保洁工具，柜门采用百叶，通风透气）

休息椅位

6 m²

储存区

清洗区

上方吊柜、下方储柜（台面站姿操作，下部存放抹布、清洁剂、保洁手套等）

预留距地900（设备充电）

宣讲挂图（保洁制度、规范、签到、考勤记录）

垃圾桶

操作台面

水池

保洁室平面布局图

图例：▭电源插座　○呼叫　▷电话　◉地漏
　　　◉网络　Ｔ电视　▭观片灯　◁感应龙头

空间类别	医疗辅助	房间编码
	空间及行为	
房间名称	保洁室	R6030102

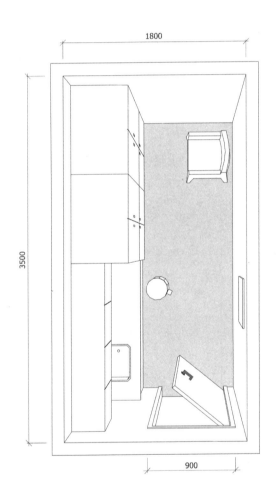

保洁室三维示意图

空间类别	医疗辅助	房间编码	
	装备及环境		
房间名称	保洁室	R6030102	

建筑要求	规格
净尺寸	开间×进深:1800×3500 面积:6 m²,高度:不小于2.6 m
装修	墙地面材料应便于清扫、冲洗,不污染环境 —
门窗	—
安全私密	—

装备清单		数量	规格	备注
家具	操作台	1	1500×600×800	尺度据产品型号
	水池	1	450×350	尺度据产品型号
	垃圾桶	1	300	直径
	保洁用品柜	2	550×900×1850	保洁用品存放
	座椅	1	526×526	带靠背,便于清洁

机电要求		数量	规格	备注
医疗气体	氧气(O)	—	—	
	负压(V)	—	—	
	正压(A)	—	—	
弱电	网络接口	—	—	
	电话接口	—	—	
	电视接口	—	—	
	呼叫接口	—	—	
强电	照明	—	照度:200 lx,色温:3300~5300 K,显色指数:不低于80	
	电插座	2	220 V,50 Hz	五孔
	接地	—	小于1Ω	
给排水	上下水	1		水池
	地漏	—		
暖通	湿度/%		30~60	
	温度/℃		18~26	宜优先采用自然通风
	净化		—	采用一定消毒方式

89. 医疗垃圾暂存间

空间类别	医疗辅助	房间编码
	空间及行为	
房间名称	医疗垃圾暂存间	R6030301

说　明：　医疗垃圾暂存间用于院区医疗垃圾储存，位置应相对独立，设专人管理，必须
与生活垃圾分开存放。房间需根据医疗卫生有关规范进行设置，需防雨淋、防
浸泡、防地面墙面渗漏，房间应定期进行消毒处理。本房型主要表达行为特点
及工艺条件需求，具体面积需根据储存量化要求确定。

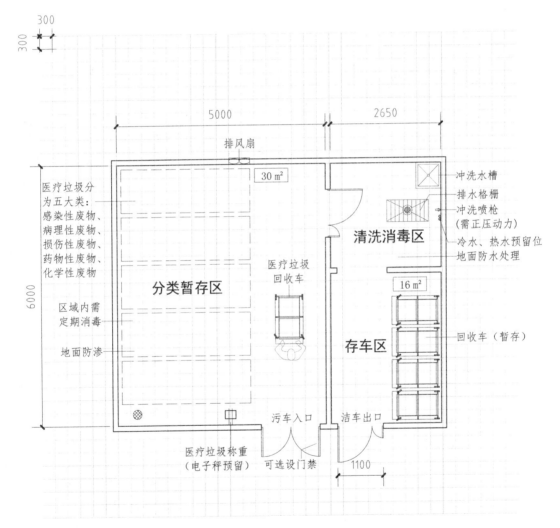

医疗垃圾暂存间平面布局图

图例： ⊟电源插座　◡呼叫　▷电话　⊛地漏
　　　　◉网络　Ｔ电视　▭观片灯　◁感应龙头

空间类别	医疗辅助	房间编码	
	装备及环境		
房间名称	医疗垃圾暂存间	R6030301	

建筑要求	规格
净尺寸	开间×进深:7800×6000 面积:46 m²,高度:不小于2.6 m
装修	墙地面材料应便于清扫、冲洗,防渗漏,不污染环境 —
门窗	可设门禁系统
安全私密	满足安全管理要求

装备清单		数量	规格	备注
家具	冲洗水槽	1	560×456×683	尺度据产品型号
	排水格栅	1	500×1000	尺度据产品型号
	垃圾回收车	5	1100×650×1000	不锈钢、抗腐蚀、易清洗,柜门配锁
设备	冲洗喷枪	1	—	需配正压动力
	电子秤	1	—	尺度据产品型号

机电要求		数量	规格	备注
医疗气体	氧气(O)	—	—	
	负压(V)	—	—	
	正压(A)	1	—	如无正压,可采用电动喷枪(需设电源)
弱电	网络接口	—	—	
	电话接口	—	—	
	电视接口	—	—	
	呼叫接口	—	—	
强电	照明	—	照度:300 lx,色温:3300~5300 K,显色指数:不低于85	
	电插座	1	220 V,50 Hz	五孔
	接地	1	小于1Ω	等电位连接
给排水	上下水	1	冷水	
	地漏	2		
暖通	湿度/%	—		
	温度/℃	—		
	净化	—		机械排风,采用一定消毒方式

90. 分层收费挂号室

空间类别	医疗辅助	房间编码
	空间及行为	
房间名称	分层收费挂号室	R6120102

说　明： 分层收费挂号室是为缓解集中挂号收费的一种辅助手段，同时满足人性化服务要求。房间需设置电视监控、手控脚踢报警、声音采集等设备。收费工作站连接医院内部局域网系统。

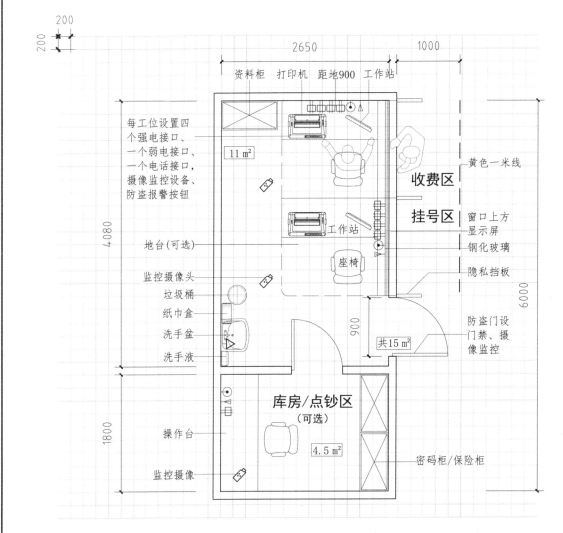

分层收费挂号室平面布局图

图例：⊟电源插座　◯呼叫　▷电话　⊗地漏
　　　⊙网络　Ｔ电视　⊡观片灯　◁感应龙头

空间类别	医疗辅助	房间编码
	空间及行为	
房间名称	分层收费挂号室	R6120102

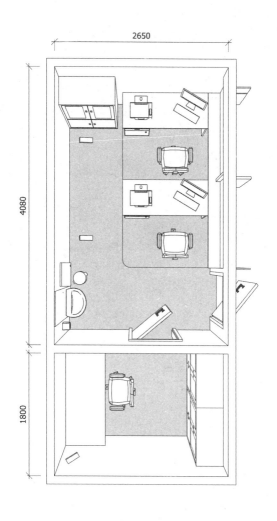

分层收费挂号室三维示意图

空间类别	医疗辅助	房间编码
	装备及环境	
房间名称	分层收费挂号室	R6120102

建筑要求	规格			
净尺寸	开间×进深:2650×6000			
	面积:15.5 m²，高度:不小于2.6 m			
装修	墙地面材料应便于清扫，不污染环境			
	吸音材料			
门窗	应设门禁系统			
安全私密	应具备防盗功能，满足安全管理要求			

装备清单		数量	规格	备注
家具	资料柜	1	450×900	尺度据产品型号
	座椅	3	526×526	尺度据产品型号
	工作台	3	1500×600	尺度据产品型号
	隐私挡板	2	组	尺度据产品型号
	洗手盆	1	500×450×800	防水板、纸巾盒、洗手液、镜子（可选）
	垃圾桶	1	300	直径
设备	工作站	2	—	包括显示器、主机、打印机
	显示屏	2	—	尺度据产品型号
	监控	3	—	尺度据产品型号
	保险柜	2	—	尺度据产品型号

机电要求		数量	规格	备注
医疗气体	氧气(O)	—	—	
	负压(V)	—	—	
	正压(A)	—	—	
弱电	网络接口	3	RJ45	
	电话接口	3	RJ11	或综合布线
	电视接口	—	—	
	呼叫接口	—	—	
强电	照明	—	照度:300 lx，色温:3300~5300 K，显色指数:不低于80	
	电插座	9	220 V，50 Hz	五孔
	接地	—	小于1Ω	
给排水	上下水	1	安装混水器	洗手盆
	地漏	—		
暖通	湿度/%		30~60	
	温度/℃		18~26	宜优先采用自然通风
	净化	—		

91. 出入院手续室

空间类别	医疗辅助 空间及行为	房间编码
房间名称	出入院手续室	R6120201

说　明： 出入院手续室用于为患者办理出入院手续，涉及押金、出入院结账等工作。因
缴款方式多样，设计需考虑各种应用接口。需设置安防相关设备，如监控探头、
手按脚踢报警、声音采集等设备。本房型主要表达行为特点及工艺条件要求，
房间面积需根据窗口数量确定。

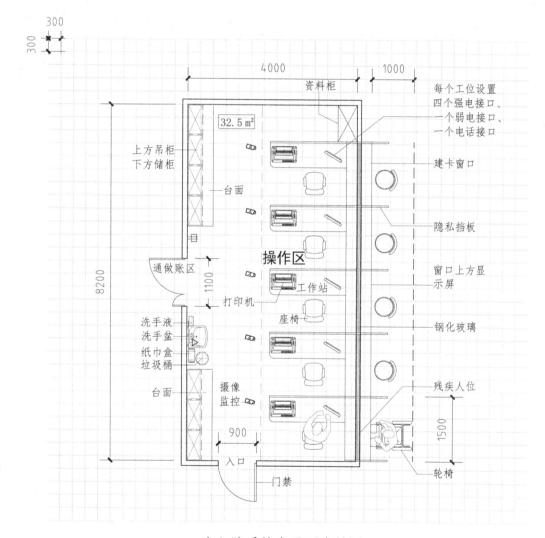

出入院手续室平面布局图

图例： ⊟电源插座　○呼叫　▷电话　⊗地漏

⊙网络　T电视　▯观片灯　◁感应龙头

空间类别	医疗辅助 空间及行为	房间编码
房间名称	出入院手续室	R6120201

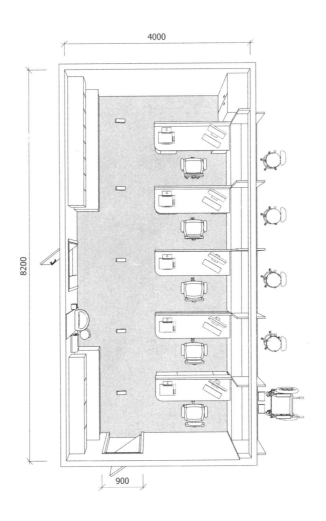

出入院手续室三维示意图

空间类别	医疗辅助	房间编码	
	装备及环境		
房间名称	出入院手续室	R6120201	

建筑要求		规格
净尺寸	开间×进深:4000×8200	
	面积:32.5 m²,高度:不小于2.6 m	
装修	墙地面材料应便于清扫,不污染环境	
	吸音材料	
门窗	应设门禁系统	
安全私密	应具备防盗功能,满足安全管理要求	

装备清单		数量	规格	备注
家具	边台吊柜	2	2000×600×800	上方吊柜,下方储柜
	座椅	5	526×526	带靠背、可升降
	工作台	5	1500×600×750	L形桌
	洗手盆	1	500×450×800	防水板、纸巾盒、洗手液、镜子(可选)
	圆凳	4	380	直径
设备	电脑设备	5	—	包括显示器、主机、打印机
	显示屏	5	—	尺度据产品型号
	监控	5	—	尺度据产品型号

机电要求		数量	规格	备注
医疗气体	氧气(O)	—	—	
	负压(V)	—	—	
	正压(A)	—	—	
弱电	网络接口	5	RJ45	
	电话接口	5	RJ11	或综合布线
	电视接口	—		
	呼叫接口	—		
强电	照明	—	照度:300 lx,色温:3300~5300 K,显色指数:不低于80	
	电插座	22	220 V,50 Hz	五孔
	接地	—	小于1Ω	
给排水	上下水	1	安装混水器	洗手盆
	地漏	—		
暖通	湿度/%		30~60	宜优先采用自然通风
	温度/℃		18~26	
	净化		—	采用一定消毒方式

92. 住院药房

空间类别	医疗辅助	房间编码
	空间及行为	
房间名称	住院药房	R6120502

说　明：住院药房用于住院患者药品供应。房间主要面对病房护士集中领药和药品核对。可选设窗口，根据院方管理需求，对临床药师咨询和患者出院带药等进行服务。后台设配药、存药、摆药功能，可选配自动包药等自动化设备。本房型主要表达行为特点及工艺条件需求，具体面积根据药房量化要求确定。

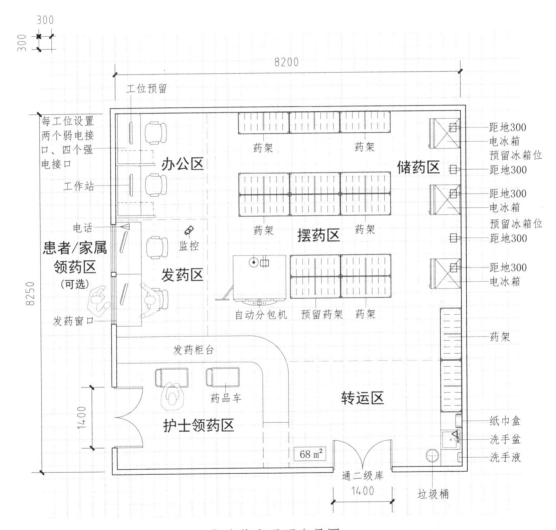

住院药房平面布局图

图例：▯ 电源插座　○ 呼叫　▷ 电话　⊗ 地漏
　　　◉ 网络　T 电视　□ 观片灯　◁ 感应龙头

空间类别	医疗辅助 空间及行为	房间编码
房间名称	住院药房	R6120502

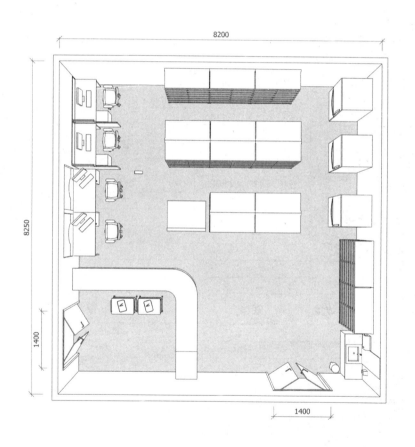

住院药房三维示意图

空间类别	医疗辅助	房间编码
	装备及环境	
房间名称	住院药房	R6120502

建筑要求	规格
净尺寸	开间×进深:8250×8250 面积:68 m²,高度:不小于2.8 m
装修	墙地面材料应便于清扫,不污染环境 吸音材料
门窗	门宽应满足物品通行要求
安全私密	应具备防盗功能,满足物品管理要求

装备清单		数量	规格	备注
家具	工作台	4	600×1500	宜圆角
	座椅	4	526×526	带靠背、可升降
	药品架	15	1578×500×2135	尺度据产品型号
	洗手盆	1	500×450×800	防水板、纸巾盒、洗手液、镜子(可选)
	柜台	1	1200×600	L形
	药品车	2	650×475×900	
设备	工作站	4	—	包括显示器、主机、打印机
	显示屏	2	—	尺度据产品型号
	电冰箱	3	525×475×1208	尺度据产品型号
	监控	1	—	尺度据产品型号
	自动包药机	1	—	尺度据产品型号

机电要求		数量	规格	备注
医疗气体	氧气(O)	—		
	负压(V)	—		
	正压(A)	—		
弱电	网络接口	9	RJ45	
	电话接口	1	RJ11	或综合布线
	电视接口	—		
	呼叫接口	—		
强电	照明	—	照度:300 lx,色温:3300~5300 K,显色指数:不低于80	
	电插座	23	220 V,50 Hz	五孔
	接地	—	小于1Ω	
给排水	上下水	1	安装混水器	洗手盆
	地漏	—		
暖通	湿度/%		35~75	
	温度/℃		18~26	宜优先采用自然通风
	净化		—	采用一定消毒方式

93. 体液标本接收室

空间类别	医疗辅助	房间编码
	空间及行为	
房间名称	体液标本接收室	R6120601

说　明：　体液标本接收室主要是检验科接收患者体液标本的场所，需设置标本接收窗口。
工作人员扫描患者信息、打印条形码，将患者提供的体液样本放入标准试管并
贴码，然后送入实验区进行检验。室内应通风良好，建议设置机械排风系统。

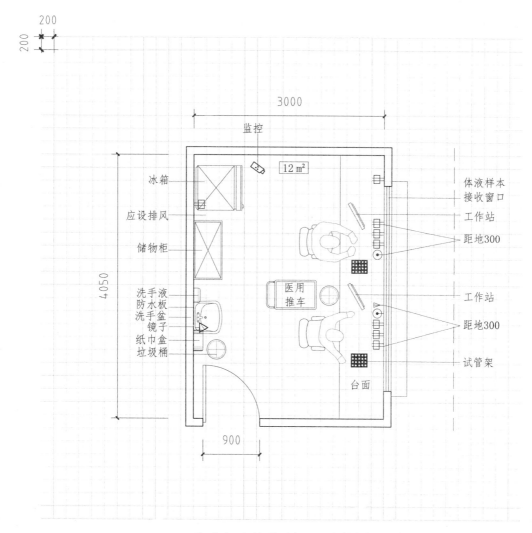

冰箱
应设排风
储物柜
洗手液
防水板
洗手盆
镜子
纸巾盒
垃圾桶

监控
12 m²
医用推车
台面

体液样本接收窗口
工作站
距地300
工作站
距地300
试管架

3000
4050
200
200
900

体液标本接收室平面布局图

图例： ⊟电源插座　⌒呼叫　▷电话　⊗地漏
　　　　◉网络　T电视　▭观片灯　◁感应龙头

空间类别	医疗辅助 空间及行为	房间编码
房间名称	体液标本接收室	R6120601

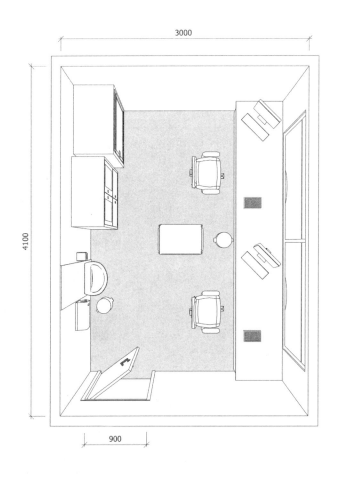

体液标本接收室三维示意图

空间类别	医疗辅助	房间编码
	装备及环境	
房间名称	体液标本接收室	R6120601

建筑要求		规格
净尺寸		开间×进深:3000×4050
		面积:12 m²,高度:不小于2.6 m
装修		墙地面材料应便于清扫,不污染环境
门窗		—
安全私密		需设监控,满足样品管理要求

装备清单		数量	规格	备注
家具	储物柜	1	450×900	尺度据产品型号
	洗手盆	1	500×450×800	防水板、纸巾盒、洗手液、镜子(可选)
	垃圾桶	2	300	尺度据产品型号
	操作台	1	4000×600	可根据需要定制
	医用推车	1	600×475×960	尺度据产品型号
设备	工作站	2	—	包含主机、显示器、打印机
	电冰箱	1	800×760×1977	有效容积588 L,功率700 W,质量277 kg
	监控	1	—	尺度据产品型号

机电要求		数量	规格	备注
医疗气体	氧气(O)	—	—	
	负压(V)	—	—	
	正压(A)	—	—	
弱电	网络接口	2	RJ45	
	电话接口	1	RJ11	或综合布线
	电视接口	—	—	
	呼叫接口	—	—	
强电	照明	—	照度:500 lx,色温:3300~5300 K,显色指数:不低于80	
	电插座	9	220 V,50 Hz	五孔
	接地	—	小于1Ω	
给排水	上下水	1		洗手盆
	地漏	—	—	
暖通	湿度/%		30~60	
	温度/℃		18~26	宜优先采用自然通风
	净化		—	采用一定消毒方式,机械排风

94. 视频探视室

空间类别	医疗辅助	房间编码
	空间及行为	
房间名称	视频探视室	R6130101

说 明: 视频探视室用于患者家属进行探视使用。家属通过摄像头、显示屏等电子设备，与感染控制区域的患者进行视频探视交流。如有条件，可设为单人单室，减少相互干扰，增加隐私保护。

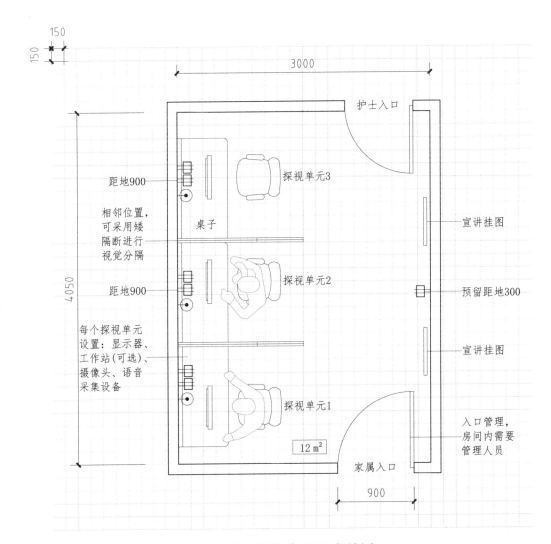

视频探视室平面布局图

图例：⊟电源插座　○呼叫　▷电话　⊗地漏

　　　⊙网络　Ｔ电视　□观片灯　◁感应龙头

空间类别	医疗辅助	房间编码
	空间及行为	
房间名称	视频探视室	R6130101

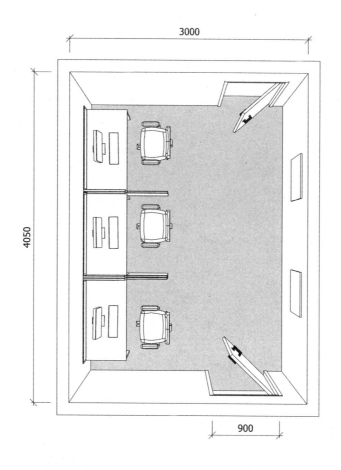

视频探视室三维示意图

空间类别	医疗辅助	房间编码	
	装备及环境		
房间名称	视频探视室	R6130101	

建筑要求		规格
净尺寸		开间×进深:3000×4050
		面积:12 m², 高度:不小于2.6 m
装修		墙地面材料应便于清扫,不污染环境
		屋顶应采用吸音材料
门窗		—
安全私密		—

装备清单		数量	规格	备注
家具	桌子	3	700×1200	宜圆角
	座椅	3	600×500×950	医用诊椅,带靠背、可升降
设备	工作站	3	—	包括显示器、主机
	摄像头	3	—	尺度据产品型号
	耳机、话筒	3	—	或另行设置音频采集、扩音设备

机电要求		数量	规格	备注
医疗气体	氧气(O)	—	—	
	负压(V)	—	—	
	正压(A)	—	—	
弱电	网络接口	3	RJ45	
	电话接口	1	RJ11	或综合布线
	电视接口	—	—	
	呼叫接口	—	—	
强电	照明	—	照度:300 lx, 色温:3300～5300 K, 显色指数:不低于80	
	电插座	7	220 V, 50 Hz	五孔
	接地	—	小于1Ω	
给排水	上下水	—	—	
	地漏	—	—	
暖通	湿度/%		30～60	
	温度/℃		18～26	
	净化		—	

95. 病房库房

空间类别	医疗辅助	房间编码
	空间及行为	
房间名称	病房库房	R6210201

说　明：病房库房是护理单元内重要的辅助房间，需要根据项目需求分间设置。房间力
求在最小面积内充分利用立体空间，分类存放被服、办公用品、医疗器材等储
备物资。库房需保持通风、干燥、清洁，注意安全，做到防火、防盗、防爆、
防潮。建议不小于6 m²。

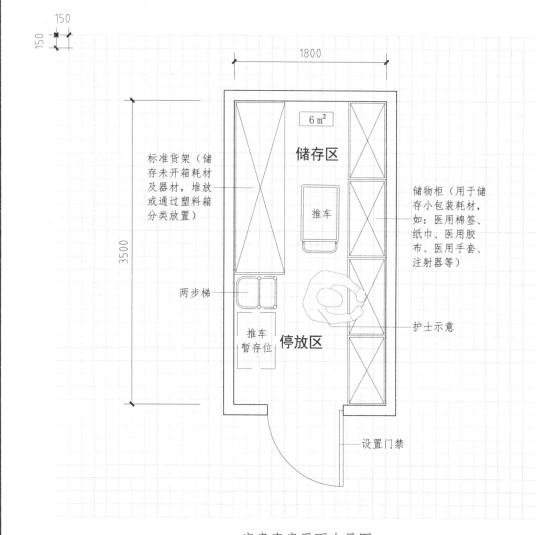

标准货架（储
存未开箱耗材
及器材，堆放
或通过塑料箱
分类放置）

两步梯

储存区

6 m²

推车

推车
暂存位

停放区

储物柜（用于储
存小包装耗材，
如：医用棉签、
纸巾、医用胶
布、医用手套、
注射器等）

护士示意

设置门禁

病房库房平面布局图

图例：▯电源插座　◯呼叫　▷电话　◉地漏
　　　◉网络　Ｔ电视　▭观片灯　◁感应龙头

空间类别	医疗辅助	房间编码
	空间及行为	
房间名称	病房库房	R6210201

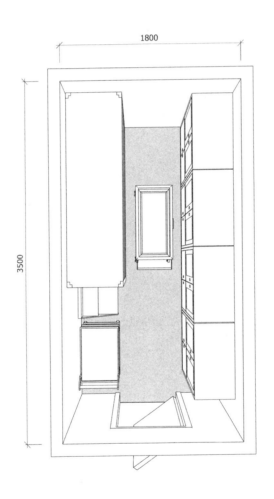

病房库房三维示意图

空间类别	医疗辅助	房间编码
	装备及环境	
房间名称	病房库房	R6210201

建筑要求	规格
净尺寸	开间×进深:1800×3500
	面积:6 m², 高度:不小于2.6 m
装修	墙地面材料应便于清扫, 不污染环境
	—
门窗	可设置门禁
安全私密	应具备防盗功能, 保证管理安全

装备清单		数量	规格	备注
家具	货架	1	2000×600×2000	分4层, 每层承重250 kg（参考）
	两步梯	1	700×370×480	尺度据产品型号
	储物柜	4	900×450×1850	钢制喷塑器械柜
	仪器车	1	560×475×870	尺度据产品型号

机电要求		数量	规格	备注
医疗气体	氧气(O)	—	—	
	负压(V)	—	—	
	正压(A)	—	—	
弱电	网络接口	—	—	
	电话接口	—	—	
	电视接口	—	—	
	呼叫接口	—	—	
强电	照明	—	照度:200 lx, 色温:3300～5300 K, 显色指数:不低于80	
	电插座	—	220 V, 50 Hz	五孔
	接地	—	小于1Ω	
给排水	上下水	—	—	
	地漏	—	—	
暖通	湿度/%		30～60	
	温度/℃		18～26	宜优先采用自然通风
	净化		—	采用一定消毒方式

96. 病案库

空间类别	医疗辅助	房间编码
	空间及行为	
房间名称	病案库	R6210302

说　明：病案库是用于纸质病案储存、查询管理、借阅复印的场所。分为存储区、接待区和复印区。接待区设置服务窗口、病案复印机。病案储存可以选用病案柜或密集柜，因纸质病案质量较重，建筑设计中需复核质量。本房型主要表达行为特点及工艺条件需求，具体面积根据档案存储量确定。

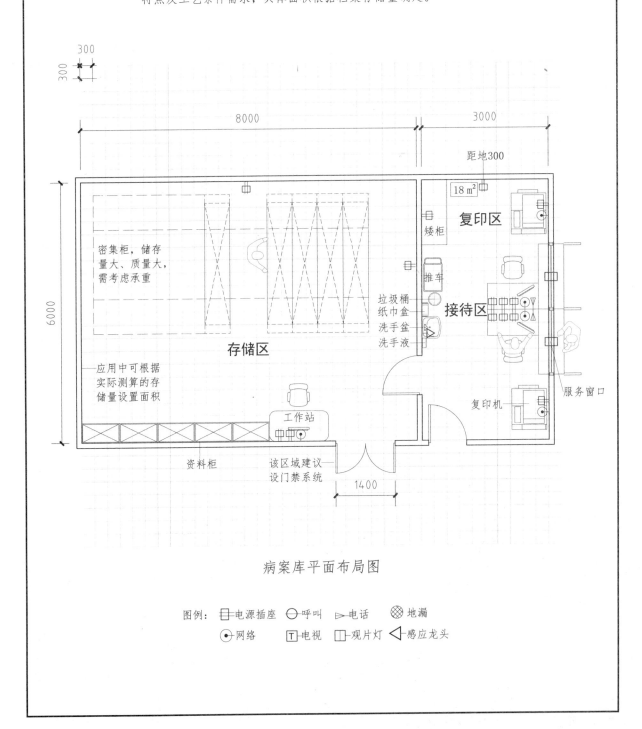

病案库平面布局图

图例：⊞电源插座　◯呼叫　▷电话　⊗地漏
　　　◉网络　Ｔ电视　☐观片灯　◁感应龙头

空间类别	医疗辅助空间及行为	房间编码
房间名称	病案库	R6210302

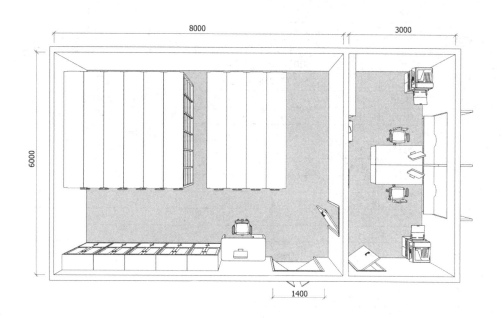

病案库三维示意图

空间类别	医疗辅助	房间编码
	装备及环境	
房间名称	病案库	R6210302

建筑要求	规格
净尺寸	开间×进深:6000×11120
	面积:66 m² (面积根据实际测算),高度:不小于2.8 m
装修	墙地面材料应便于清扫,不污染环境
	屋顶采用吸音材料
门窗	可设门禁系统
安全私密	应具备防盗功能,保证管理安全

装备清单		数量	规格	备注
家具	工作台	2	600×1500	宜圆角
	座椅	3	526×526	带靠背、可升降
	资料柜	5	900×450×1850	尺度据产品型号
	洗手盆	1	500×450×800	防水板、纸巾盒、洗手液、镜子(可选)
	矮柜	1	1500×600	L形
	推车	1	650×475×900	尺度据产品型号
	密集柜	1	组	尺度据产品型号
设备	工作站	3	—	包括显示器、主机、打印机
	显示屏	2	—	尺度据产品型号
	复印机	2	—	尺度据产品型号

机电要求		数量	规格	备注
医疗气体	氧气(O)	—	—	
	负压(V)	—	—	
	正压(A)	—	—	
弱电	网络接口	5	RJ45	
	电话接口	2	RJ11	或综合布线
	电视接口	—		
	呼叫接口	—		
强电	照明	—	照度:200 lx,色温:3300～5300 K,显色指数:不低于80
	电插座	15	220 V,50 Hz	五孔
	接地	—	小于1Ω	
给排水	上下水	1	安装混水器	洗手盆
	地漏	—		
暖通	湿度/%		30～60	
	温度/℃		18～26	
	净化	—		采用一定消毒方式

97. 试剂存储室

空间类别	医疗辅助	房间编码
	空间及行为	
房间名称	试剂存储室	R6210502

说 明: 试剂存储室设于检验科、病理科等实验类科室内，主要是试剂的存储场所。通常会设置常温试剂库和低温试剂库。常温试剂库可设置储物柜或货架，低温试剂库主要以医用冰箱、冰柜为主。缓冲间的设置，其功能主要是试剂接收、分放和试剂管理。本房型主要表达行为特点及工艺条件需求，具体面积根据储存量确定。

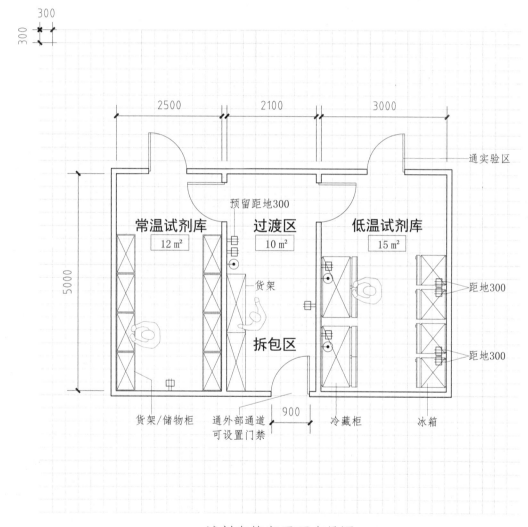

试剂存储室平面布局图

图例： 电源插座 呼叫 电话 地漏
网络 电视 观片灯 感应龙头

空间类别	医疗辅助 空间及行为	房间编码
房间名称	试剂存储室	R6210502

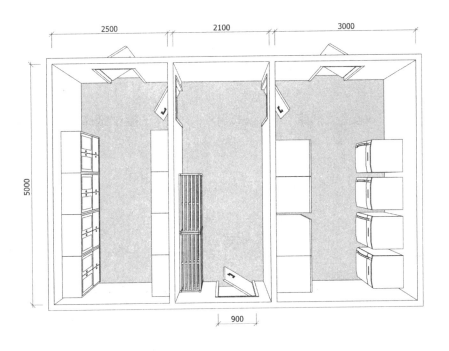

试剂存储室三维示意图

空间类别	医疗辅助	房间编码
	装备及环境	
房间名称	试剂存储室	R6210502

建筑要求	规格		
净尺寸	开间×进深:7800×5000 面积:35 m², 高度:不小于2.6 m		
装修	墙地面材料应便于清扫, 不污染环境 —		
门窗	可设门禁系统		
安全私密	应具备防盗功能, 保证管理安全		

装备清单		数量	规格	备注
家具	储物柜	8	900×450×1850	尺度据产品型号
	货架	2	2000×600×2000	尺度据产品型号
设备	冷藏柜	2	800×760×1977	容积588 L, 功率700 W, 质量277 kg
	冰箱	4	500×450×1515	容积88 L, 功率350 W, 质量100 kg

机电要求		数量	规格	备注
医疗气体	氧气(O)	—	—	
	负压(V)	—	—	
	正压(A)	—	—	
弱电	网络接口	3	RJ45	
	电话接口	—	—	
	电视接口	—	—	
	呼叫接口	—	—	
强电	照明	—	照度:200 lx, 色温:3300~5300 K, 显色指数:不低于80	
	电插座	10	220 V, 50 Hz	五孔
	接地	—	小于1Ω	
给排水	上下水	—	—	
	地漏	—	—	
暖通	湿度/%	30~60		宜设置通风空调系统
	温度/℃	18~26		满足室温和低温库设备的散热需求
	净化	—		

98. 停尸间

空间类别	医疗辅助	房间编码
	空间及行为	
房间名称	停尸间	R6210506

说　明：　停尸间是医院太平间区域的主要功能房间，根据相关规定，尸体停放数宜按不低于总病床数1%计算。房间面积根据停放数量确定，并按照医院实际需求进行调整。

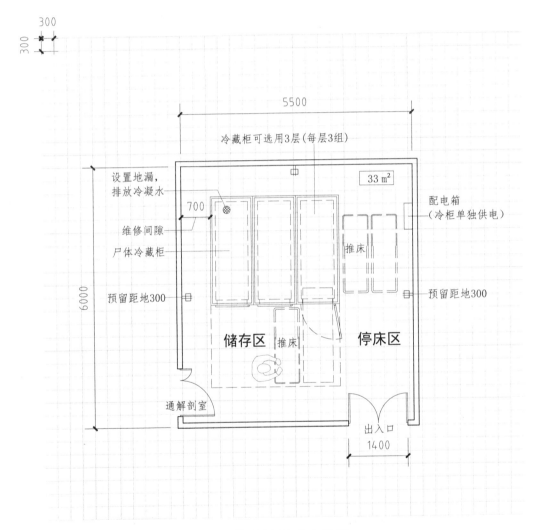

停尸间平面布局图

图例： ▭电源插座 ○呼叫 ▷电话 ⊗地漏
◉网络 T电视 ▯观片灯 ◁感应龙头

空间类别	医疗辅助 空间及行为	房间编码
房间名称	停尸间	R6210506

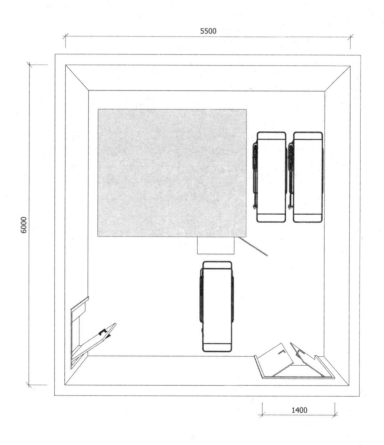

停尸间三维示意图

空间类别	医疗辅助	房间编码	
	装备及环境		
房间名称	停尸间	R6210506	

建筑要求	规格
净尺寸	开间×进深:5500×6000 面积:33 m²,高度:不小于3 m
装修	墙地面材料应便于清扫、冲洗,不污染环境 —
门窗	可设门禁系统
安全私密	应具备防盗功能,保证管理安全

装备清单		数量	规格	备注
家具	推床	3	1900×600×880	尸体转运床,承重大于120 kg(参考)
设备	尸体冷藏柜	3	2000×2500×3000	三舱门式冷藏柜,质量600 kg(参考)

机电要求		数量	规格	备注
医疗气体	氧气(O)	—	—	
	负压(V)	—	—	
	正压(A)	—	—	
弱电	网络接口	—	—	
	电话接口	—	—	
	电视接口	—	—	
	呼叫接口	—	—	
强电	照明	—	照度:200 lx,色温:3300～5300 K,显色指数:不低于80	
	电插座	3	220 V,50 Hz	五孔
	接地	1	小于1Ω	大型设备接地
给排水	上下水	—	—	
	地漏	1	—	制冷设备冷凝水收集
暖通	湿度/%		30～60	
	温度/℃		18～26	需满足设备散热要求
	净化		—	

99.胚胎冷冻室

空间类别	医疗辅助	房间编码
	空间及行为	
房间名称	胚胎冷冻室	R6210602

说　明：　胚胎冷冻室适用于生殖医学中心，用于胚胎冰冻保存。房间内设置液氮储存罐、转运罐、电冰箱、干燥箱等设备。本房型主要表达行为特点及工艺条件需求，具体面积根据储存量确定。

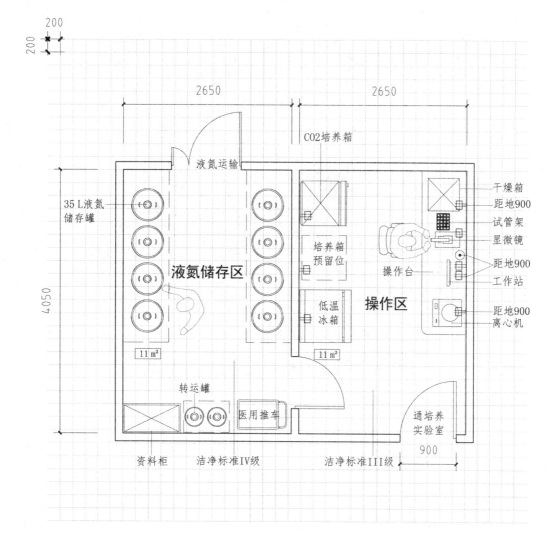

胚胎冷冻室平面布局图

图例：⊞电源插座　○呼叫　▷电话　⊗地漏
　　　◉网络　T电视　□观片灯　◁感应龙头

空间类别	医疗辅助 空间及行为	房间编码
房间名称	胚胎冷冻室	R6210602

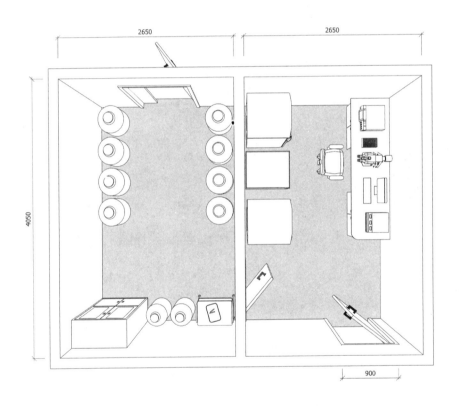

胚胎冷冻室三维示意图

空间类别	医疗辅助	房间编码
	装备及环境	
房间名称	胚胎冷冻室	R6210602

建筑要求	规格
净尺寸	开间×进深:5420×4050
	面积:22 m²,高度:不小于2.6 m
装修	墙地面材料应便于清扫,不污染环境
	—
门窗	—
安全私密	设置净化级别,满足感染控制要求

装备清单		数量	规格	备注
家具	边台	1	600×4000	宜圆角
	座椅	1	526×526	可升降、带靠背
	资料柜	1	880×410×1850	钢制文件柜
	医用推车	1	—	尺度据产品型号
设备	工作站	1	—	包括显示器、主机、打印机
	生物显微镜	1	233×411×368	功率18.5 W,质量8 kg,照明20 W卤素灯
	CO2培养箱	1	600×660×1210	加热145 W,质量110 kg,控温5~50 ℃
	离心机	1	340×480×275	电源220 V/5 A,质量22 kg(参考)
	液氮储存罐	8	D461×698	容积35 L,空重14.3 kg,罐口直径80
	干燥箱	1	740×620×630	功率1.5 kW,质量60 kg(参考)
	低温冰箱	1	940×840×1999	功率1500 W,质量320 kg,容积328 L
	液氮转运罐	2	D300×581	容积8 L,空重5.8 kg,罐口直径80

机电要求		数量	规格	备注
医疗气体	氧气(O)	—	—	
	负压(V)	—	—	
	正压(A)	—	—	
弱电	网络接口	1	RJ45	
	电话接口	—	—	
	电视接口	—	—	
	呼叫接口	—	—	
强电	照明	—	照度:200 1x,色温:3300~5300 K,显色指数:不低于85	
	电插座	8	220 V,50 Hz	五孔
	接地	—	小于1 Ω	
给排水	上下水	—	—	
	地漏	—	—	
暖通	湿度/%		30~60	
	温度/℃		18~26	
	净化		IV级	配洁净空调

100. 告别室

空间类别	医疗辅助 空间及行为	房间编码
房间名称	告别室	R6230101

说 明： 告别室为医院太平间区域的非标配功能房间，需根据项目实际需求确定是否设置。
此房间用于死者亲属对遗体进行告别使用，应临近整容室。通常房间内可设灯光、
讲台、扩音设备等。

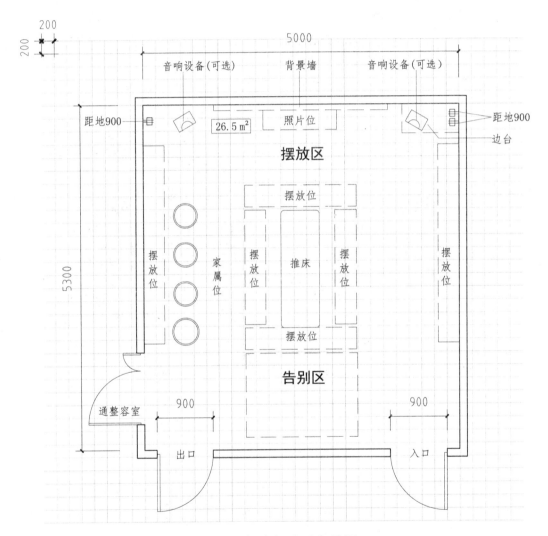

告别室平面布局图

图例：⊟电源插座 ○呼叫 ▷电话 ⊗地漏
⊙网络 Ⓣ电视 □观片灯 ◁感应龙头

空间类别	医疗辅助	房间编码
	装备及环境	
房间名称	告别室	R6230101

建筑要求	规格	
净尺寸	开间×进深:5000×5300	
	面积:26.5 m², 高度:不小于3 m	
装修	墙地面材料应便于清扫,不污染环境	
	室内装饰装修要求颜色简洁,整体肃穆、庄重	
门窗	—	
安全私密	—	

装备清单		数量	规格	备注
家具	推床	1	1900×600×880	承重大于120 kg(参考)
	圆凳	4	380	直径
	边台	1	900×450	可设置音响设备位及预留接口
设备	音响系统	1	—	尺度据产品型号

机电要求		数量	规格	备注
医疗气体	氧气(O)	—	—	
	负压(V)	—	—	
	正压(A)	—	—	
弱电	网络接口	—	—	
	电话接口	—	—	
	电视接口	—	—	
	呼叫接口	—	—	
强电	照明	—	照度:300 lx, 色温:3300~5300 K, 显色指数:不低于80	
		—	灯光需满足多级控制	
	电插座	3	220 V, 50 Hz	五孔
	接地	—	—	
给排水	上下水	—	—	
	地漏	—	—	
暖通	湿度/%	30~60		
	温度/℃	18~26	优先选择自然通风,要求换气10次/小时	
	净化	—		

附录一 医疗功能房间详图设计及应用的 10 个重要问题

1. 定义

医疗功能房间详图是如何定义的？

2. 医疗功能房间详图设计同医院工艺设计系统的关系

医疗功能房间详图设计在医院工艺设计系统中的作用和阶段是什么？

3. 医疗功能房间详图设计同医院建筑设计的关系

医疗功能房间详图设计在医院建筑设计中的作用和阶段是什么？

4. 适用范围

医疗功能房间详图的适用范围是什么？

5. 服务范围

医疗功能房间详图设计包括哪些服务范围？

6. 设计方法

医疗功能房间详图和医疗行为研究的关系的重要性？

7. 依据

医疗功能房间详图设计的主要依据是什么？

8. 表达

医疗功能房间详图设计的主要表达形式是什么？

9. 步骤

医疗功能房间详图设计的步骤是什么？

10. 分类及编码

医疗功能房间详图是如何进行分类及编码的？

附录二　主要参考书目及规范

《医疗功能房间详图集Ⅰ》(董永青 ISBN 978-7-5019-8316-2)

《综合医院建筑设计规范》(GB 51039—2014)

《医院消毒卫生标准》(GB 15982—2012)

《医院洁净手术部建筑技术规范》(GB 50333—2013)

《医院建筑电气设计规范》(JGJ 312—2013)

《建筑照明设计标准》(GB 50034—2013)

《医院消毒供应中心　第 1 部分：管理规范》(WS 310.1—2016)

《急救中心建筑设计规范》(GBT 50939—2013)

《重症监护病房医院感染预防与控制规范 》(WS/T 509—2016)

《民用建筑供暖通风与空气调节设计规范》(GB 50736—2012)

《公共建筑节能设计标准》(GB 50189—2015)